U0396486

Altium Designer
原理与实例

Altium Designer Yuanli Yu Shili

主　编　修建国

参　编　谢再晋　周俊生

华南理工大学出版社
SOUTH CHINA UNIVERSITY OF TECHNOLOGY PRESS

·广州·

图书在版编目(CIP)数据

Altium Designer 原理与实例/修建国主编 . —广州：华南理工大学出版社，2019. 1

ISBN 978 - 7 - 5623 - 5889 - 3

Ⅰ. ①A… Ⅱ. ①修… Ⅲ. ①印刷电路 - 计算机辅助设计 - 应用软件 - 高等学校 - 教材 Ⅳ. ①TN410. 2

中国版本图书馆 CIP 数据核字(2019)006867 号

Altium Designer 原理与实例

修建国 主编

出 版 人：卢家明

出版发行：华南理工大学出版社

（广州五山华南理工大学 17 号楼，邮编 510640）

http://www. scutpress. com. cn E-mail：scutc13@ scut. edu. cn

营销部电话：020 - 87113487 87111048 （传真）

责任编辑：欧建岸

印 刷 者：广州市穗彩印务有限公司

开 本：787mm×960mm 1/16 印张：21 字数：500 千

版 次：2019 年 1 月第 1 版 2019 年 1 月第 1 次印刷

印 数：1～2 000 册

定 价：48. 00 元

目　录

第1章 电路基础

1.1 电路图基础

作为硬件工程师，首先要对有技术参数的电路图进行总体了解，能划分功能模块，找出信号流向，确定元件作用。

1.1.0.1 原理图

电路图是为了研究和工程的需要，用约定的符号绘制的一种表示电路结构的图形。常见的电路图有原理图、方框图、装配图和印板图等。原理图和印板图是硬件工程师接触最多的两种电路图，其中原理图主要体现电路图的逻辑与原理，而印板图主要体现尺寸与连接关系。

原理图就是用来体现电子电路的工作原理的一种电路图，又被叫作"电路原理图"，它主要体现电路的逻辑关系，如图 1-1 所示。由于它直接体现了电子电路的结构和工作原理，所以一般用在设计、分析电路中。分析电路时，通过识别图纸上所画的各种电路元件符号以及它们之间的连接方式，就可以了解电路的实际工作情况。

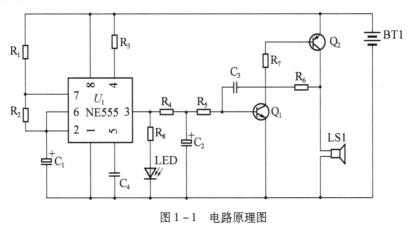

图 1-1　电路原理图

1.1.0.2 方框图

方框图是一种用方框和连线来表示电路工作原理和构成概况的电路图。从根

1

本上说，这也是一种原理图。不过在这种图纸中，除了方框和连线几乎没有别的符号了。它和上面的原理图主要的区别就在于原理图详细地绘制了电路的全部的元器件和它们的连接方式，而方框图只是简单地将电路安装功能划分为几个部分，将每一个部分描绘成一个方框，在方框中加上简单的文字说明，在方框间用连线(有时用带箭头的连线)说明各个方框之间的关系。所以方框图只能用来体现电路的大致工作原理，而原理图除了详细地表明电路的工作原理外，还可以用来作为采集元件、制作电路的依据。图 1 - 2 是电路原理图(图 1 - 1)的方框图。

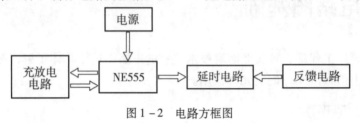

图 1 - 2   电路方框图

1.1.0.3 装配图

装配图(与坐标文件同时使用)是为了进行电路装配而采用的一种图纸，图上的符号往往是电路元件实物的外形图。我们只要照着图上画的样子，依样画葫芦地把一些电路元器件连接起来就能够完成电路的装配，如图 1 - 3 所示。装配图根据装配模板的不同而各不一样。

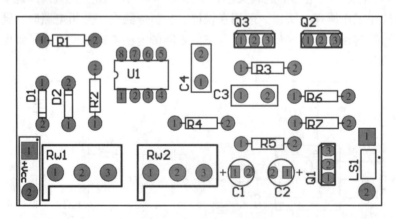

图 1 - 3   电路装配图

1.1.0.4 印板图

在大多数制作电子产品的场合，用的是下面要介绍的印板图，所以印板图是装配图的主要形式之一。印板图的全名是"印制电路板图"或"印制线路板图"。印制电路板的英文缩写为"PCB"。印板图和装配图其实属于同一类的电路图，都是供装配实际电路使用的。印制电路板是在一块绝缘板上先敷上一层金属箔，再

2

将电路不需要的金属箔腐蚀掉，剩下的部分金属箔作为电路元器件之间的连接线，然后将电路中的元器件安装在这块绝缘板上，利用板上剩余的金属箔作为元器件之间导电的连线，完成电路的连接。由于这种电路板的一面或两面敷的金属是铜皮，所以印制电路板又叫"敷铜板"，如图 1 - 4 所示。

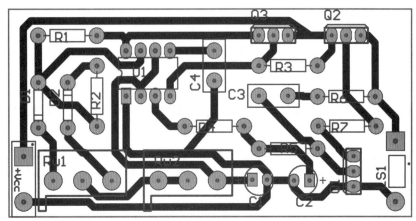

图 1 - 4　印制电路板图

印板图的元件分布往往和原理图中大不一样。在印制电路板的设计中，主要考虑所有元件的分布和连接是否合理，要考虑元件体积、散热、抗干扰、抗耦合等诸多因素。综合这些因素设计出来的印制电路板，从外观看很难和原理图完全一致，而实际上却能更好地实现电路的功能。

在上面介绍的四种形式的电路图中，原理图是最常用也是最重要的电路图，通过原理图可以掌握电路的基本原理，绘制方框图，设计装配图、印板图就比较容易了。掌握了原理图，进行电器的维修、设计，也是十分方便的。此外印板图设计也十分重要，设计过程中要严格遵守设计规则，譬如线宽、间距、布局、走线、铺铜及钻孔等必须符合一定规则，电路功能、信号才能实现设计要求。

1.2　电路原理图基础

1.2.1　电路原理图的组成

电路原理图主要由元件符号、连线、结点、注释四大部分组成，如图 1 - 5 所示。

元件符号表示实际电路中的元件，它的形状与实际的元件不一定相似，甚至完全不一样，但是它一般都表示出了元件的特点，而且引脚的数目都和实际元件保持一致。元件符号包括边框、引脚、管脚属性和元件属性等。

3

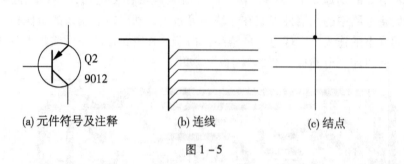

(a) 元件符号及注释　　　(b) 连线　　　(c) 结点

图 1 - 5

连线表示的是实际电路中的导线，在原理图中虽然是一根线，但在常用的印制电路板中可以是线，也可以是各种形状的铜箔块。

结点表示几个元件引脚或几条导线之间相互的连接关系。所有和结点相连的元件引脚、导线，不论数目多少，都是导通的。如果两条线相交，但相交处没有结点，则代表两条线是不导通的。

注释在原理图中是十分重要的。原理图中所有的文字都可以归入注释一类。细看以上各图就会发现，在原理图的各个地方都有注释存在，它们被用来说明元件的型号、名称等。图 1 - 5 中字符"Q2"为标号注释，字符"9012"用于元件型号注释，设计者可以根据需要标注释。

1.2.2　读懂原理图

前面说到，原理图是用来体现电子电路工作原理的一种电路图。分析电路原理时，要通过识别图纸上所画的各种电路元件符号，以及它们之间的连接方式来读懂电路原理。

要看懂印制电路板图，首先要能看懂它的电路原理图，掌握电子元器件的标示方式和它的工作原理，掌握常用元器件的正常参数和在正常的电路中所起到的作用等知识。然后再对印制电路板进行分析，才能比较快地看懂它的工作原理和掌握一些需要了解的情况。

分析首先从划分子电路模块开始，再找到子电路的核心元件(当然要熟悉这个元件)，找出各子电路模块之间电参量的联系，最后弄清楚整个电路的输出和输入或者功能。也就是说，对电路原理图要有一个总体的了解，划分出各个功能模块，如电源模块、控制器模块、存储器模块、音频模块、GPRS 模块等，对各个模块逐一分析，最后统一起来就可大体了解电路所要实现的功能。

1.3　印制电路板基础

印制电路板有一个常用名称叫作 PCB（Printed Circuit Board）。常见的 PCB 主要由绝缘基板和敷铜面以及上面的附属部分构成，根据其敷铜面的数量分为单面板、双面板和多层板三种。

单面板只在绝缘基板一面敷铜，用于安插电子元件，另一面没有敷铜。由于只可在它敷铜的一面布线和焊接元件，所以这种板的布线相对较困难，对设计者的要求较高，但成本最低，用于比较简单的电路或对成本限制较严的电子产品。

双面板在绝缘基板的两面都有敷铜，设计时将一面定义为顶层，另一面定义为底层，一般情况下在顶层布置元件，在底层焊接。顶层和底层都可以布线，可以使用过孔将两层的电路连接起来。

多层板是包含多个工作层面的电路板，除了有顶层和底层外，还有中间层。顶层和底层与双面板一样，中间层一般构成电源层或接地层。

为了便于电路板的焊接，防止生产过程中的错误，在印制电路板的顶层和底层安插电子元件的位置印上一些必要的符号和文字，如元件标号、引脚标志等。印刷标志或文字的层称为丝印层。

通常在印制电路板上布上铜膜导线后，还要在上面涂一层防焊膜。这层防焊膜将铜膜导线覆盖住，仅留出需要进行焊接的位置。防焊膜不粘焊锡，在进行机器焊接时，可以防止焊锡溢出造成短路。

图 1 - 6 是一部手机的拆解图，其中下半部分 PCB - A 是带有电子元器件的印制电路板。

图 1 - 6　手机的 PCB - A

图 1-7 和图 1-8 分别是手机 PCB-A 的正面图和背面图。随着电子设备越来越小，集成度越来越高，印制电路板的层数也从单层、双层向多层演变。

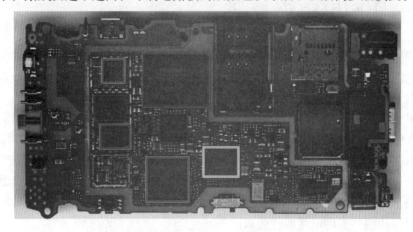

图 1-7　手机 PCB-A 的正面图

图 1-8　手机 PCB-A 的背面图

1.4　PCB 设计的基本概念

接下来介绍一些 PCB 设计的基础知识，如元件封装、导线等基本概念。

当前主流的电子产品都设计使用 6 层以上的 PCB 板，而且随着电子产品集成度的提高，PCB 的层数将继续增加。初学者不禁要问，为什么要设计这么多层？其实，最早的电子产品的 PCB 像收音机等只有两层，其中一层放置元器件，另一层走线。因为只有一层走线，所以称其为单层板。后来，元器件集成度增加了，元器件从两个、三个引脚向多引脚演变，在一层内布线难免出现线路交叉现象，设计者想到了双层走线，PCB 板之间增加了通孔，这样就解决了线路交叉问题。但是，随着手机、MP3 等集成度更高的电子产品的出现，双层板又不能满足设计的需要，所以 PCB 板向多层演进，除了顶层和底层还增加了中间层。图 1 - 9 是某手机 PCB 的剖面图，它采用 10 层设计。

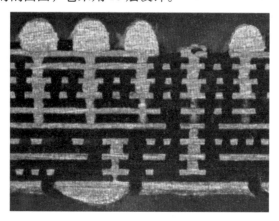

图 1 - 9　某手机 PCB 剖面图

1.4.1　元件封装

所谓封装是指安装半导体集成电路芯片用的外壳，外壳内侧或外侧连接一些引脚，这些引脚又通过印制电路板上的导线与其他器件建立连接。芯片的封装技术已经历了好几代的变迁，从 DIP、QFP、PGA、BGA 到 CSP 再到 MCM，技术指标一代比一代先进，包括芯片面积与封装面积之比越来越接近于 1，器件体积越来越小，适用频率越来越高，耐温性能越来越好，引脚数增多，引脚间距减少，重量减少，可靠性提高，使用更加方便等。下面将对具体的封装形式作详细说明。

1.4.1.1　元件封装的分类

按照元件安装方式，元件封装可以分为穿孔安装式封装和表面安装式封装两大类。

典型穿孔安装式封装元件外形及其 PCB 板上的焊接点如图 1 - 10 所示。穿孔安装式元件焊接时先要将元件引脚插入焊盘通孔中，然后再焊锡。由于焊点导孔贯穿整个电路板，

图 1 - 10　穿孔安装式封装的元件外形及其 PCB 焊盘

所以其焊盘中心必须有通孔，焊盘至少占用两层电路板。通常采用穿孔安装的元件体积较大，利于散热，适用于较大功率的电路。

典型的表面安装式封装的元件外形及其 PCB 图如图 1 – 11 所示。此类封装的焊盘只限于表面板层，即顶层或底层。采用这种封装的元件的引脚占用板上的空间小，不影响其他层的布线。一般引脚比较多的元件常采用这种封装形式。但是这种封装的元件手工焊接难度相对较大，多用于机器生产。

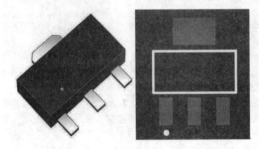

图 1 – 11　表面安装式封装的元件外形及其 PCB 焊盘

1.4.1.2　元件封装的编号

常见元件封装的编号，其编号原则为：元件封装类型 + 焊盘距离(焊盘数) + 元件外形尺寸。因此可以根据元件的编号来判断元件封装的规格。例如"RB7.6 – 15"表示极性电容类元件封装，引脚间距为 7.6mm，元件直径为 15mm。

1.4.2　其他概念

1.4.2.1　铜膜导线

铜膜导线是指在 PCB 板上的敷铜层经过蚀刻后形成的铜膜电流通路，又简称为导线，用于实现各个元件引脚间的电路连接，是印制电路板重要的组成部分，如图1 – 12所示。

图 1 – 12　印制电路板的铜膜导线

1.4.2.2　焊盘

焊盘是在电路板上为固定元件引脚，并使元件引脚和导线导通而加工的具有固定形状的铜膜，形状一般有圆形、方形和八角形等三种，如图 1-13 所示。固定穿孔安装式元件的焊盘通常是圆形和方形的，表面粘着式元件常采用方形焊盘。

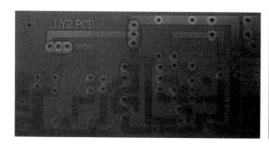

图 1-13　印制电路板的焊盘

1.4.2.3　过孔

过孔存在于双层板和多层板中。过孔的作用是连接不同板层间的导线。根据连接板层不同，过孔分为三种，即从顶层到底层的穿透式过孔、从顶层通到内层或从内层通到底层的盲过孔以及内层间的屏蔽过孔，如图 1-14 所示。对于插件型元件，大部分焊盘和过孔是连接在一起的，焊盘是顶层或底层的金属部分，而过孔是穿透 PCB 的孔的部分。有的过孔内部会镀一层金属铜。

图 1-14　印制电路板的过孔

1.4.2.4　丝印

为方便电路的安装和维修，在印制电路板上下两表面印上所需要的标志图案和文字代号等，例如元器件标号和标称值、元器件外轮廓形状和厂家标志、生产日期等。这称为丝印层，如图 1-15 所示。

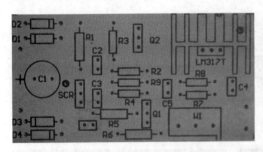

图 1-15　印制电路板的丝印

1.4.2.5　阻焊剂

一般印制电路板上都要上液态光致阻焊剂。液态光致阻焊剂常常是绿色的，又称绿油，是一种丙烯酸低聚物。作为一种保护层，涂覆在印制电路板不需焊接的线路和基材上，目的是长期保护所形成的线路图形，或用作阻焊剂，如图 1-16 所示。但在设计 PCB 时，阻焊层使用的是负片输出，所以在阻焊层的形状映射到板子上以后，并不是上了绿油阻焊，反而是露出的铜皮即焊盘。意思是在整片阻焊的绿油上开窗，目的是允许焊接。默认情况下，没有阻焊层的区域都要上绿油。

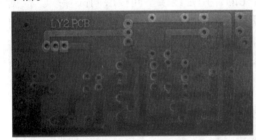
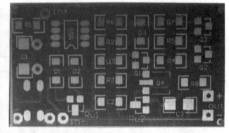

图 1-16　印制电路板的阻焊剂

1.4.2.6　安全间距

为了避免导线、过孔、焊盘之间因为制造工艺的原因产生连线短路的问题，或在使用过程中由于导线距离过近发生信号干扰，因此这些 PCB 板上的对象之间的间隙必须满足一定的要求，即大于某一安全间距。安全间距的大小可以在布线规则中设置，如图 1-17 所示。

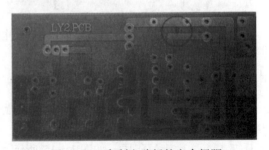

图 1-17　印制电路板的安全间距

第2章 Altium Designer 操作界面及设计流程

Altium Designer 的操作环境十分友好。下面首先介绍 Altium Designer 的工作环境和基本参数设置，使读者对 Altium Designer 的工作环境及其设置有所了解。然后通过简单的设计流程介绍，让读者对 Altium Designer 的工作流程有一个概要性印象。

2.1 工作环境

我们在使用 Altium Designer 前，首先要对其工作环境进行了解。从图 2 – 1中我们可以看到整个工作环境，包括菜单栏、工具栏、面板控制栏、工作区等项目。

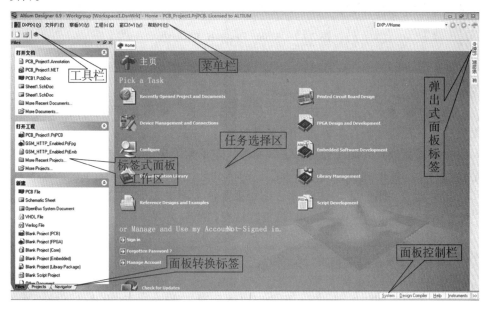

图 2 – 1 Altium Designer 工作环境

2.1.1 工作面板管理

Altium Designer 的面板大致可分为三种：弹出式面板、活动式面板和标签式面板。三种面板可以相互转换，使用者可以通过拖动三种面板的标题栏将其转换成其他形式的面板。各种面板形式如图 2 - 2 所示。

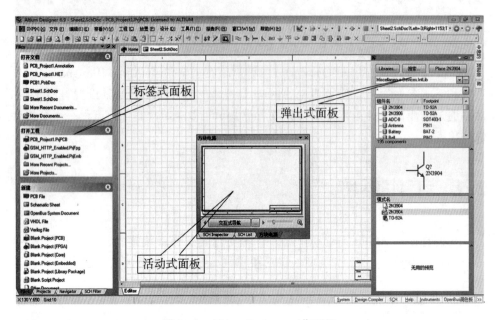

图 2 - 2　Altium Designer 工作面板

弹出式面板：Altium Designer 右上方有三个弹出式面板，当鼠标停留在对应的标签上时，弹出式面板会显现出来。

活动式面板：界面中央的面板即是活动式面板，使用者可用鼠标拖动活动式面板的标题栏使面板在主界面中随意停放。

标签式面板：界面左边为标签式面板，左下角为标签栏。标签式面板每次只能显示一个标签的内容，可单击标签栏的标签进行面板切换。

当移动或关闭一些默认窗口后，如果要恢复默认的窗口布置时，可以选择"查看"→"桌面布局"→"Default"恢复默认窗口布置方式。

2.1.2　窗口管理

通过窗口不同的排列方式，用户可以体会到各种窗口排列方式的便捷。在设计过程中当我们需要同时显示电路图和 PCB 图时，可以将两者水平或者垂直排列，也可以单独显示电路图或者 PCB 图。根据不同需要，设计人员可以选择最合适的方式。图 2 - 3 为两个电路图垂直上下排列。

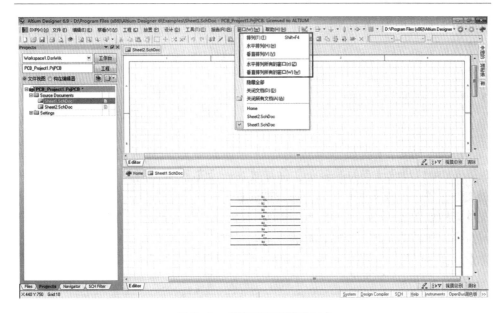

图 2-3　多窗口垂直排列方式

2.1.3　窗口语言切换

第一次打开 Altium Designer，系统是英文界面。选择菜单栏"DXP"→"Preferences"→"System"→"General"→"Localization"，重启 Altium Designer，系统就会变为中文界面。切换提醒如图 2-4 所示。

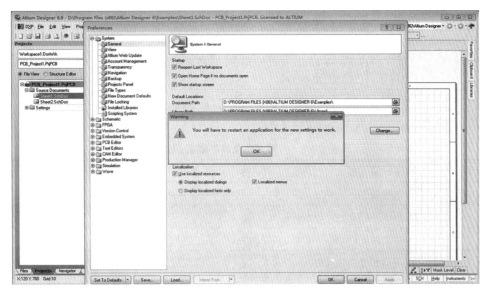

图 2-4　Altium Designer 系统语言切换

注：本书基于 Altium Designer 中文版进行介绍，但是由于中文版还不能实现全中文显示，所以在一些窗口下还有一些英文显示。

2.2 工程管理

Altium Designer 提供了有效的工程管理系统对文件进行管理。在 Altium Designer 中，与设计有关的多个文件被放在一个工程中，例如原理图文件、PCB 图文件、各种报表文件等。而工程则被放置于一个设计工作区里，设计工作区的文件架构如图 2-5 所示。用户的设计以设计工作区为单元，在进行原理图设计前需要创建新的设计工作区，然后在设计工作区下创建工程，并在工程下进行各种设计文件的设计与编辑。表 2-1 为常用的设计文件列表。

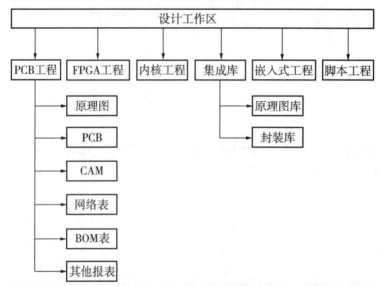

图 2-5 Altium Designer 的文件架构

表 2-1 常用文件及其扩展名(后缀)

设计及生成文件	扩展名
电路原理图文件	*.SchDoc
PCB 图文件	*.PcbDoc
集成元件库	*.IntLib
原理图元器件库文件	*.SchLib
PCB 元器件库文件	*.PcbLib

设计及生成文件	扩展名
PCB 项目工程文件	* . PrjPcb
电路网络表	* . NET
BOM 表	* . BOM

创建各种设计文件时，为了便于工程管理，尽量在文件名中加入文件属性名，譬如原理图命名为" *** 电路原理图 . SchDoc"，网络表命名为" *** 网络表 . NET"等。

2.2.0.1　新建设计工作区

Altium Designer 启动后会新建一个默认名为"Workspace1. DsnWrk"的设计工作区。用户可直接在该默认设计工作区下创建工程及在工程下创建各种文件，也可以重新创建一个设计工作区。

设计工作区很像操作系统存储系统的根目录。在设计工作区下，我们可以创建各种工程，再在工程下新建各种设计文件。图 2 - 5 展示了 Altium Designer 的文件架构。

每个设计工作区可以有多个相同类型或者不同类型的工程文件，同时每个工程下也可以有多个相同或者不同类型的设计文件。

如果未创建工程文件就直接创建了设计文件，那么系统会把这种文件默认为自由文档，在 Projects 中显示为"Free Documents"。创建设计工作区的步骤如下：

①启动 Altium Designer，在主菜单中选择"文件"→"新建"→"设计工作区"，创建默认名称为"Workspace1. DsnWrk"的设计工作区，如图 2 - 6 所示。

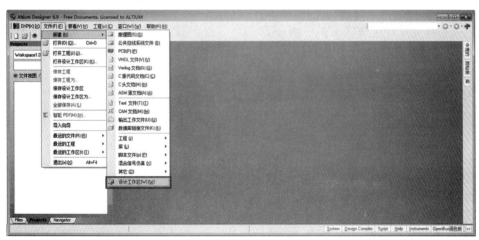

图 2 - 6　创建设计工作区

②选择"文件"→"保存设计工作区",或者单击"Projects"工作面板中的"工作台"按钮,在图2-7所示的弹出菜单中,选择"保存设计工作区"命令。

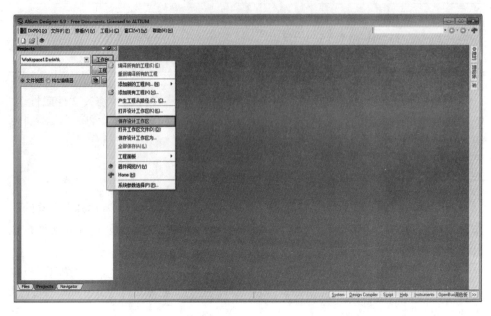

图2-7 弹出菜单

③在"Save[Workspace1. DsnWrk] As..."对话框的"文件名"编辑框内,输入设计工作区名称,本例输入"Workspace1",然后设置设计工作区文件的保存路径,本例使用系统的默认路径,单击"保存"按钮。将新建的工作空间更名为"Workspace. DsnWrk",并且保存了该设计工作区文件,设计工作区自定义成功。

2.2.0.2 新建工程

工程是设计工作区下的一级子目录。工程有很多种,包括 PCB 工程、FPGA 工程、内核工程、集成库工程、嵌入式工程和脚本工程等。本书仅介绍 PCB 工程和集成库工程。下面对 PCB 工程进行简要介绍。

在设计工作区内添加 PCB 工程的步骤如下:

①启动 Altium Designer,在"Projects"工作面板中的设计工作区下拉列表中选择新建的名为"Workspace. DsnWrk"的设计工作区。

②在主菜单中选择"文件"→"新建"→"工程"→"PCB 工程",或者单击"Project"工作面板上的"工程"按钮,在弹出的菜单中选择"添加新的工程"→"PCB 工程"命令,如图2-8所示。

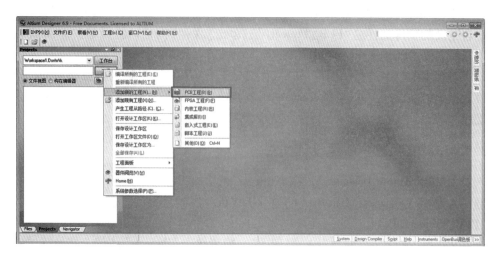

图 2-8　新建 PCB 工程

"PCB_Project1. PrjPCB" 的空白 PCB 工程，如图 2-9 所示。

③在主菜单中选择"文件"→"保存工程"，或者单击"Projects"工作面板中的"工程"按钮，然后在如图 2-10 所示的弹出菜单中选择"保存工程"命令。

图 2-9　新建的空白 PCB 工程

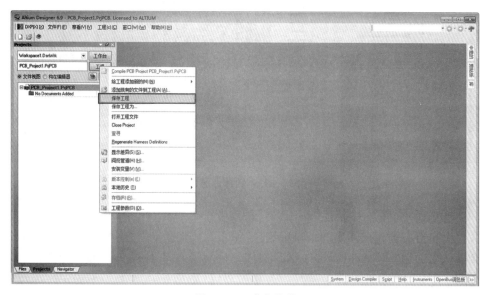

图 2-10　弹出菜单

17

④在"Save［PCB_Project1. PrjPCB］As…"对话框的"文件名"编辑框中输入用户自定义的项目文件名"PCB_Project1"，单击"保存"按钮，将新建的 PCB 工程项目命名为"PCB_Project1. PrjPCB"。

⑤在主菜单中选择"文件"→"保存设计工作区"，保存对当前工作空间的修改。至此，在设计工作区"Workspace1"下新建了一个名为"PCB_Project1"的空白工程。

2.2.0.3　在项目中新建设计文件

①启动"Altium Designer"，在"Projects"工作面板中的设计工作区下拉列表中选择名为"Workspaces1. DsnWrk"的设计工作区，然后在项目下拉列表中选择名为"PCB_Project1. PrjPCB"的工程。

②选择"文件"→"新建"→"原理图"，或者单击"Projects"按钮，在新建的项目文件上单击右键，在弹出的菜单中选择"给工程添加新的"→"Schematic"命令。新建一个默认名为"Sheet1. SchDoc"的原理图文件，自动进入原理图编辑界面，如图 2-11 所示。

图 2-11　新建原理图

③选择"文件"→"新建"→"PCB"，或者单击"Project"按钮，在新建的项目文件上单击右键，在弹出的菜单中选择"给工程添加新的"→"PCB"命令，新建一个默认名为"PCB1. PcbDoc"的 PCB 文件，自动进入 PCB 编辑界面，如图 2-12 所示。

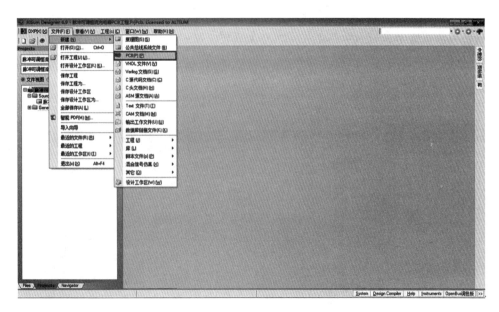

图 2 - 12　新建 PCB

　　④在主菜单中选择"文件"→"保存"命令，或者在"Projects"工作面板中的原理图文件名称上单击右键，在如图 2 - 13 所示的弹出菜单中选择"保存"命令打开"Save［Sheet1. SchDoc］As... "对话框，在"Save［Sheet1. SchDoc］As... "对话框将文件命名为"Sheet1. SchDoc"。

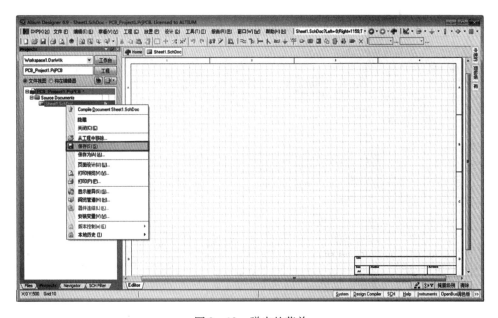

图 2 - 13　弹出的菜单

⑤在主菜单中选择"文件"→"保存"命令，或者在"Projects"工作面板中的PCB 文件名称上单击右键，在如图 2 - 14 所示的弹出菜单中选择"保存"命令打开"Save［PCB1. PcbDoc］As..."对话框，在"Save［PCB1. PcbDoc］As..."对话框将文件命名为"PCB1. PcbDoc"。

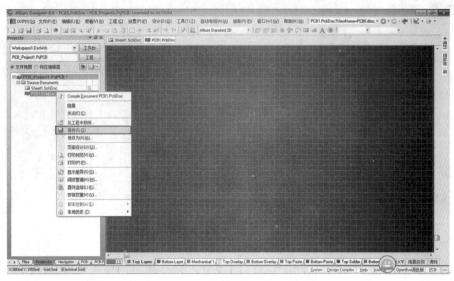

图 2 - 14　弹出的菜单

⑥在主菜单中选择"文件"→"全部保存"命令，或者单击"Projects"工作面板上的"Workspace"按钮，在弹出的菜单中选择"全部保存"命令即可自动保存当前设计工作区下所有的更改，如图 2 - 15 所示。

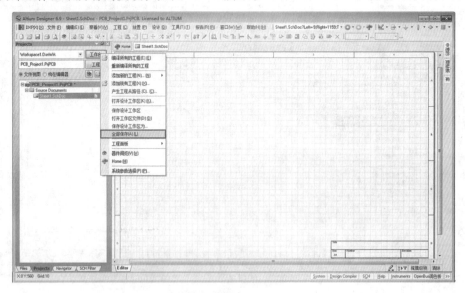

图 2 - 15　保存全部文件

　　至此，在新建的"PCB_Project1"项目下新建了一个名为"Sheet1. SchDoc"的空白原理图文件和一个名为"PCB1. PcbDoc"电路板文件。用户还可以在该项目下继续添加其他类型的文件，如库文件等。

　　为防止出现误操作，Altium Designer 提供了文件更改提醒功能，如果用户对设计工作区、项目或者文件进行了修改，在"Projects"工作面板上对应的"设计工作区"编辑框和"Projects"编辑框中的当前设计工作区名称和当前项目名称后都会出现一个"＊"，表示该设计工作区和项目都已更改，但是未被保存，以此提醒用户保存。

　　当用户在未保存对项目文件的更改的情况下，单击 Altium Designer 程序窗口右上角的关闭按钮 ✖ 时，会打开如图 2 - 16 所示的"Confirm Save for(3) Modified Documents"对话框，提醒用户选择应该保存的对项目文件的更改。该对话框名称中的"(3)"表示有 3 个文档已被更改，需要保存。

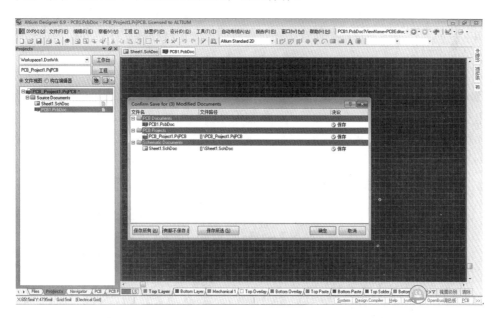

图 2 - 16　"Confirm Save for(3) Modified Documents"对话框

　　在"Confirm Save for(3)Modified Documents"对话框中，"保存所有"按钮用于设置保存对话框中列出的所有文件，"所有都不保存"按钮用于设置不保存对话框中列出的所有文件，"保存所选"按钮用于设置保存用户选择的文件，通过设置文件名称右侧的"决议"栏，用户可以设置该文件是否需要被保存。单击"确定"按钮，系统将会自动保存选中的文件，并关掉 Altium Designer。

2.3 Altium Designer 设计基本流程

使用过 Protel 99 SE 的读者都知道，在 Protel 99 SE 中，整个电路设计项目是以数据库(DDB)的形式存储的，并不能单独打开或者编辑单个的 SCH 和 PCB 文件。Altium Designer 则采用了目前流行的软件工程中工程管理的方式组织文件，各电路设计文件单独存储，并生成相关的项目工程文件，它包含指向各个设计文件的链接和必要的工程管理信息。所有文件置于同一个文件夹中，便于管理维护。

使用 Altium Designer，在电路设计过程中会用到四大基本设计模块，包括原理图(SCH)设计模块、原理图仿真模块、印制电路板(PCB)设计模块和可编程逻辑器件(FPGA)设计模块等。通常我们设计一块不含有 FPGA 的印制电路板只会用到其他三种模块；如果不需要仿真，那我们只会用到原理图设计和印制电路板设计两个模块。

下面的设计流程包括了设计过程中最基本的三个文件，原理图、网络表文件和印制板 PCB 文件。PCB 设计图是实际的电路尺寸及安装图，是工厂制作实际电子产品的基础，如图 2-17 所示。工程设计流程图如图 2-18 所示。其中原理图代表电路的设计方案，如图 2-19 所示。网络表文件是原理图和印制板电路之间的纽带，如图 2-20 所示。

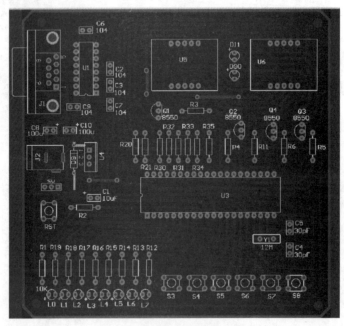

图 2-17　印制电路板设计图

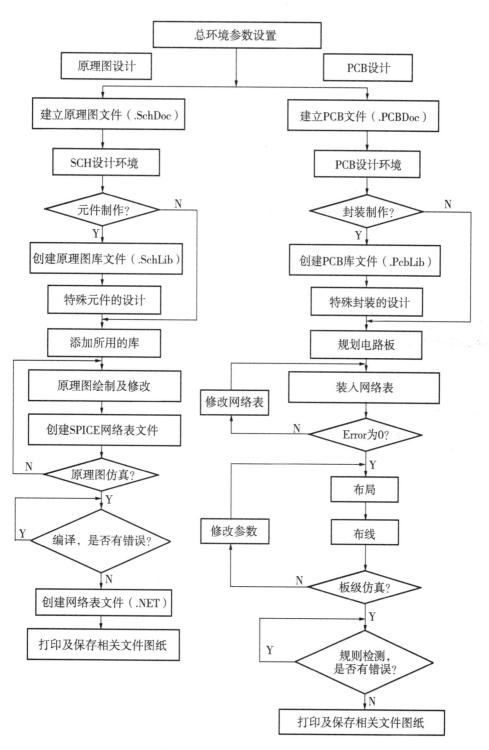

图 2 – 18　PCB 工程设计流程图

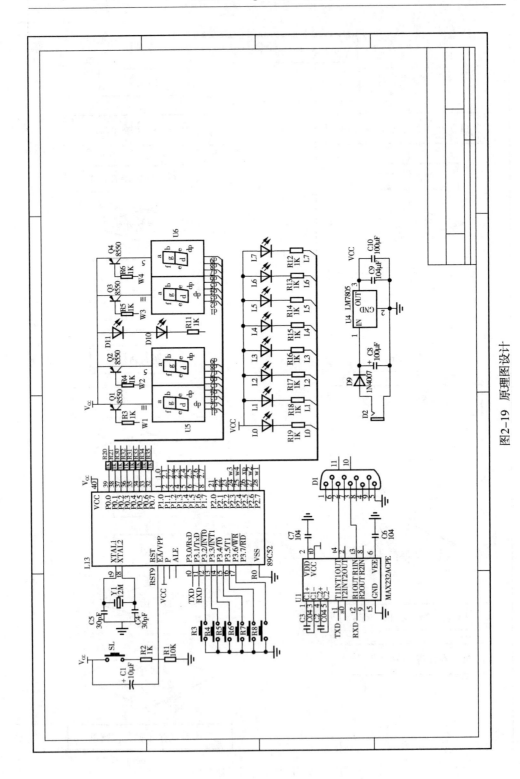

图2-19 原理图设计

```
[
C1
RAD-0.1
10uF


]
[
C2
RAD-0.1
Cap


]
[
C3
RAD-0.1
Cap


]
[
C4
RAD-0.1
30


]
[
C5
RAD-0.1
30
```

图 2 - 20　生成的网络表

第3章 原理图设置与设计

电路原理图设计是将电路要素（元件、连线等）的图形符号放到图纸上，按照设计要求，满足一定的设计规范，来实现设计意图。使用 Altium Designer 辅助设计后，用户可以通过输入电路原理图，再将其变成电路器件网络表。通过网络表，Altium Designer 将辅助用户完成检测电路性能以及生成 PCB 图的任务。

本章将首先介绍 Altium Designer 的原理图输入模块的操作界面，然后介绍常见的原理图设计过程、项目管理以及图纸设定方法。

3.1 Altium Designer 原理图编辑的操作界面

新建 PCB 项目，选择菜单栏上的"文件"→"新建"→"设计工作区"，如图3-1所示新建一个设计工作区。选择"文件"→"新建"→"工程"→"PCB 工程"，如图3-2所示新建一个 PCB 工程文件。在 PCB 工程下新建原理图文件，选择"文件"→"新建"→"原理图"，系统会进入原理图编辑的操作界面，其界面如图3-3所示。

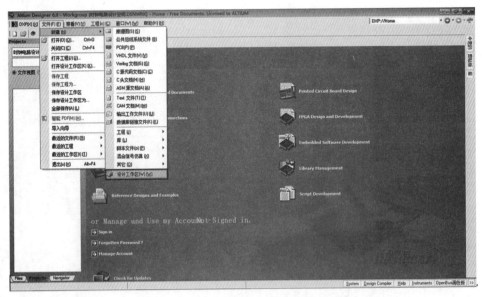

图 3 - 1　新建设计工作区

图 3 - 2　新建 PCB 工程

图 3 - 3　新建原理图操作菜单

如图 3 - 4 所示的原理图操作界面由工作区、主菜单、工具栏、工作面板等构成，具体介绍如下。

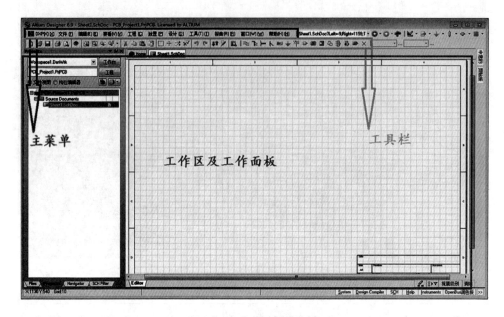

图 3 - 4 原理图操作界面

主菜单位于操作界面的上方。Altium Designer 中的绝大部分操作均可通过在主菜单中选择相应的命令实现。

同时，原理图操作界面也为用户提供了多种快捷工具栏，这些工具栏中包含大量的快捷工具按钮，用户可以自定义工具栏的显示或隐藏状态，使操作界面更适合操作的习惯，提高工作效率。根据工具栏内工具按钮的功能，原理图操作界面的工具栏分为"布线"工具栏、"导航"工具栏、"格式化"工具栏、"混合仿真"工具栏、"实用"工具栏、"原理图标准"工具栏。下面对常用的"布线"工具栏和"实用"工具栏进行简要介绍。

3.1.0.1 "布线"工具栏

"布线"工具栏如图 3 - 5 所示。该工具栏内的 15 个快捷按钮用于在原理图中放置元件和布置导线。这些快捷功能在主菜单的"放置"菜单下。该工具栏中的快捷工具按钮主要为：导线按钮 ➤、总线按钮 ➤、总线引入线按钮 ➤、网络节点标志按钮 Net、电源地按钮 ⏚、电源按钮 Vcc、添加元件按钮 ➤、图纸标志按钮 ▦、图纸接口按钮 ▣、电气端口按钮 ▷、免检按钮 ✕ 等。

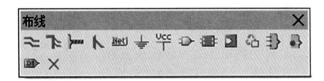

图 3-5　"布线"工具栏

3.1.0.2　"实用"工具栏

"实用"工具栏如图 3-6a 所示，该工具栏为用户提供了常用的原理图绘制工具。该工具栏由六个组合工具栏组成，部分工具栏具体介绍如下。

（a）实用工具栏

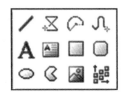

（b）绘图工具栏

图 3-6

（1）绘图工具

单击绘图工具按钮 打开如图 3-6b 所示的绘图工具栏。该工具栏主要用于在原理图上绘制各种不具有电气特性的图形和文字，这些快捷功能在主菜单的"放置"菜单下。该工具栏中的工具按钮分别为：直线按钮 、多边形按钮 、椭圆弧按钮 、贝赛尔曲线按钮 、文本串按钮 A、文本框按钮 、矩形按钮 、圆角矩形按钮 、椭圆按钮 、扇形按钮 、插入图片按钮 等。

（2）对齐工具

单击对齐工具按钮 打开如图 3-7 所示的对齐工具栏。该工具栏主要用于自动对齐原理图中所选择的元件，这些快捷功能在主菜单的"编辑"菜单下。该工具栏中的工具按钮分别为：左对齐按钮 、右对齐按钮 、水平中心线对齐按钮 、水平等间距按钮 、顶部对齐按钮 、底部对齐按钮 、垂直中心线对齐按钮 、垂直等间距按钮 、对齐网格按钮 。

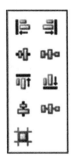

图 3-7　对齐工具栏

（3）电源工具 ⏚

单击电源工具按钮 ⏚ 打开如图 3 − 8 所示的电源工具栏。该工具栏主要用于在原理图中放置各类电源标志。这些快捷功能在主菜单的"放置"菜单下。电源工具栏具体工具按钮分别为：电源地按钮 ⏚、电源按钮 ᵁᶜᶜ、+12V 电源按钮 ⁺¹²、+5V 电源按钮 ⁺⁵、−5V 电源按钮 ⁻⁵、箭头式电源按钮 ⇧、波式电源按钮 ⇗、台式电源按钮 ⊤、环形电源按钮 ♀、信号地按钮 ▽、地线按钮 ⏚。

图 3 − 8　电源工具栏

（4）数字电路器件工具 ▯

单击数字电路器件工具按钮 ▯，弹出如图 3 − 9 所示的数字电路工具栏。该工具栏用于在原理图中放置各类常用的数字电路器件标志。这些快捷功能在主菜单的"放置"菜单下。该工具栏的按钮分别为：电阻按钮 ▯1K ▯4K7 ▯10K ▯47K ▯100K、电容按钮 ⊤0.01 ⊤0.1 ⊤1.0 ⊤2.2 ⊤10、与非门按钮 ⊐ᴼ、或非门按钮 ⊐ᴼ、非门按钮 ▷ᴼ、与门按钮 ⊐、或门按钮 ⊐、三态门按钮 ▷、D 触发器按钮、异或门按钮、3 − 8 译码器按钮、8 位三态总线按钮。

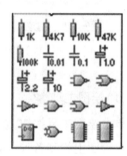

图 3 − 9　数字电路器件工具栏

（5）网格设置工具 ▦

单击网格设置工具按钮 ▦，弹出如图 3 − 10 所示的网格设置菜单。该菜单用于设置原理图中的对齐网格属性。这些快捷功能在主菜单的"察看"菜单下。各命令的功能介绍如下：

循环跳转栅格(G) (G)	G
循环跳转栅格 (反向)(G) (R)	Shift+G
切换可视栅格(V) (V)	Shift+Ctrl+G
切换电气栅格(E) (E)	Shift+E
设置跳转栅格(G) (S)...	

图 3 − 10　网格设置菜单

"循环跳转栅格"命令用于使鼠标指针对齐设定的限制网格,这样鼠标指针移动图元对象时的移动位置就只能在设定的网格交叉点上。

"循环跳转栅格(反向)"命令用于使鼠标对齐反向设定的限制网格,这样鼠标指针移动图元对象时,位置就可以不在设定的网格交叉点上。

"切换可视栅格"命令用于使工作区显示网格或隐藏网格。

"切换电气栅格"命令用于使用或取消电气网格。使用电气网格可以使原理图布线更加方便。

"设置跳转栅格"命令用于设置对齐网格。

除了通过主菜单和工具栏选择各种指令外,原理图操作界面还有很多键盘快捷方式选择指令,如"旋转选择的对象",其快捷键为 Space 键。由于这样的指令很多且不容易记忆,所以原理图操作界面在右下角的面板控制栏的"Help"中设置了"快捷方式"对应表,如图 3 – 11 所示。

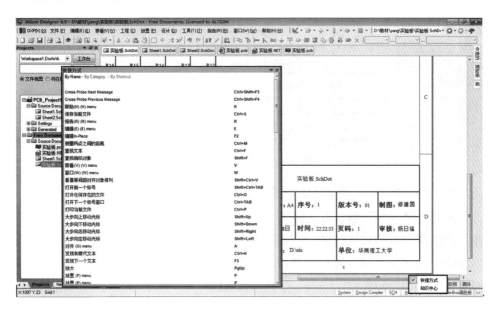

图 3 – 11　"快捷方式"对应表

3.2　原理图设计流程

电路原理图设计是电路设计的基础。原理图设计的基本流程如图 3 – 12 所示。

31

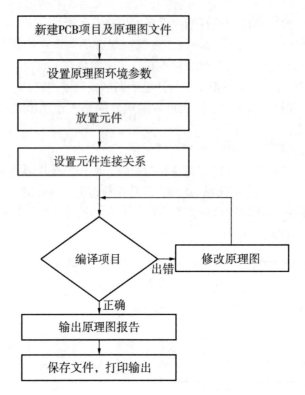

图 3 – 12　原理图设计流程

在 Altium Designer 中进行原理图设计的具体步骤如下：

①启动 SCH 编辑器。首先打开 Altium Designer，在主页界面下通过选择"文件"→"新建"→"设计工作区"新建设计工作区文件；"文件"→"新建"→"工程"→"PCB 工程"新建 PCB 项目文件；再在 PCB 项目下选择"文件"→"新建"→"原理图"新建 SCH 文件。

②设置图纸规格。在 SCH 编辑器下选择"设计"→"文档选项"进入"文档选项"对话框，如图 3 – 13 所示。

在"文档选项"对话框中对图纸方向、格点、尺寸、字体方案和字体大小以及图纸边框颜色、图纸背景颜色进行设置。

信息栏可以勾选"标题块"选择默认格式；也可以不选默认格式，自己绘制一个信息栏。图 3 – 14 所示是一个简单的标准 A4 模板。

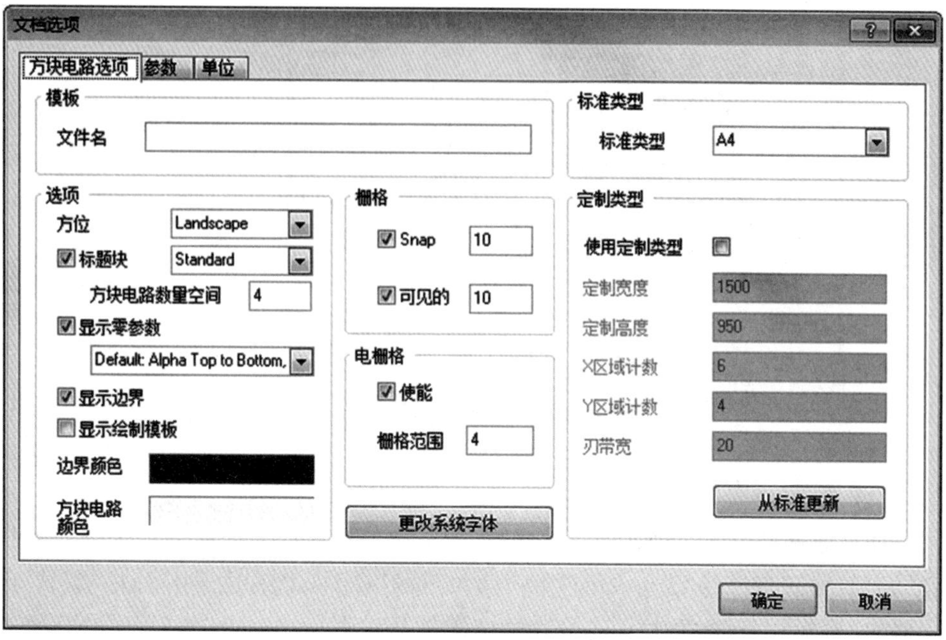

图 3 - 13　"文档选项"对话框

文件名：实验板 . SchDoc			
图纸大小：A4	序号：1	版本号：01	制图：修建国
日期：1 月 8 日	时间：16：18：27	页码：1	审核：杨日福
文件路径：D：\ xiu		单位：华南理工大学	

图 3 - 14　信息栏模板

　　在完成模板设计后，单击"文件"→"保存为"，文件类型选择"Advanced Schematic template"，并输入一个模板名称，默认保存的路径为程序安装的根目录下的"Templates"的文件下。可根据自己的需要修改保存的路径，如图 3 - 15 所示。

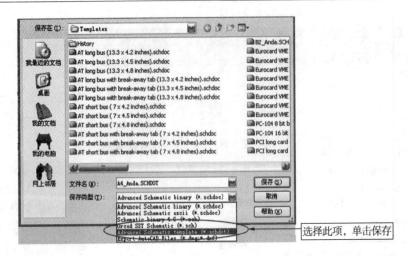

图 3 - 15　保存信息栏模板

　　如果要调用刚才建立好的文档模板，可选择"工具"→"设置原理图参数"，在"参数选项"框选择"Schematic"下拉菜单下的"General"右边最下面的"默认"选项框的"模板"，单击"浏览"，选择建立的模板位置，再单击"确定"。下次建立原理图的时候就会调用自己建立的文档模板了。模板的选择与删除如图 3 - 16 所示。（注意：要先设置好模板再建立原理图，系统才会调用自己建立的模板文件，否则都是以默认的原理图为模板。）

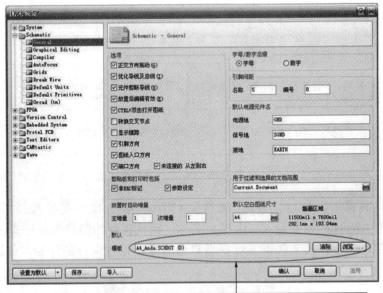

图 3 - 16　模板的选择与删除

③设置原理图编辑界面的系统参数和工作环境。在 SCH 编辑器下选择"工具"→"设置原理图参数"进入"参数选择"对话框，如图 3 – 17 所示。由于这部分内容涉及的内容多且复杂，所以本书会在适当部分介绍一些基础的简单功能。

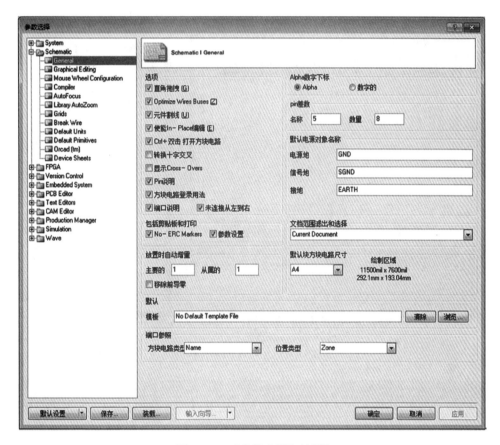

图 3 – 17　"参数选择"对话框

④装载集成库。在窗口右边的弹出式面板标签中选择"库"标签打开"库"对话框，点击"Libraries…"进入"库"配置界面。可以在"库"配置界面添加或移除集成库。Altium Designer 的原理图库文件后缀为". SchLib"，如图 3 – 18 所示。

⑤放置元件并布局。在 Altium Designer sch 编辑界面下选择"放置"→"器件"选项或执行快捷指令按钮 ➡ 进入"放置端口"选项卡，根据电路功能模块进行适当布局，如图 3 – 19、图 3 – 20 所示。

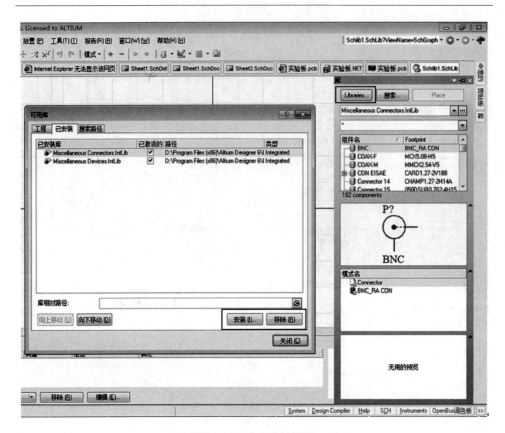

图 3 – 18　装载和移除库

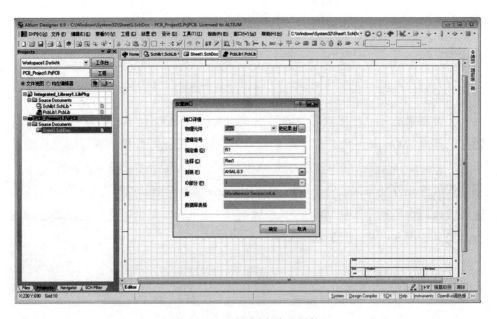

图 3 – 19　原理图中放置器件

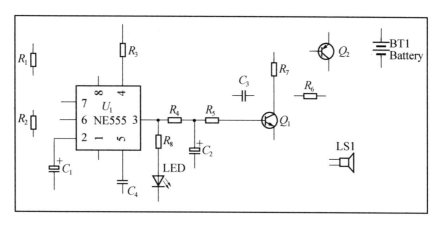

图 3 – 20　原理图布局

⑥原理图布线。原理图布线是根据电路信号走向对元件进行电气连接。此时使用的连线代表连线的任何一点上的电压相等。如图 3 – 21 所示。其中较为常用的布线步骤为：

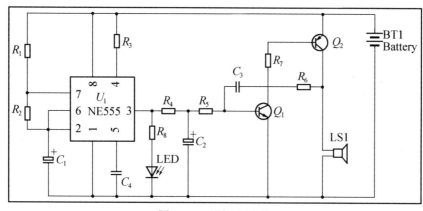

图 3 – 21　原理图布线

ⅰ使用鼠标左键点击元件，保持点击拖动元件，Space 键旋转、切换元件走线角度。

ⅱ使用"放置"→"线"或快捷功能按钮 ≋，Space 键旋转、切换走线角度，Shift + space 键切换走线模式。

ⅲ选择"放置"→"总线""端口""电源端口""网络标号"等放置好电路的各种功能模块。

ⅳ鼠标左键单击元件符号，右击鼠标左键打开元件属性对话框，可对元件属性进行配置。

ⅴ使用"工具"→"注解"对元件进行编号，如图 3 – 22 所示。

37

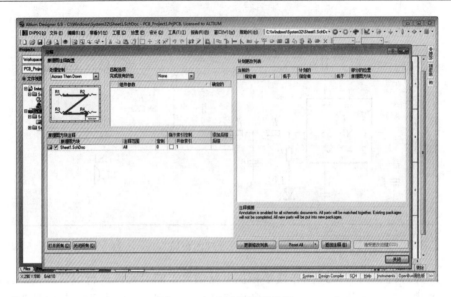

图 3 – 22　对元件进行编号

⑦原理图编译。选择左下角"Projects"面板，右键点击 SchDoc 原理图文件，选择"Compile document XXX. SchDoc"编辑当前文档；或使用"工程"→"Compile document XXX. SchDoc"编译当前文档。此外还可以对工程文件进行编译：选择右键单击"PrjPCB"，或使用"工程"→"Compile PCB Project XXX. PrjPCB"编译当前工程。如果有错误或警告，会在弹出的"Messages"框中显示。双击错误连接，会跳转到错误处，对相应的错误进行修改……反复编译修改，直至没有错误，如图 3 – 23 所示。

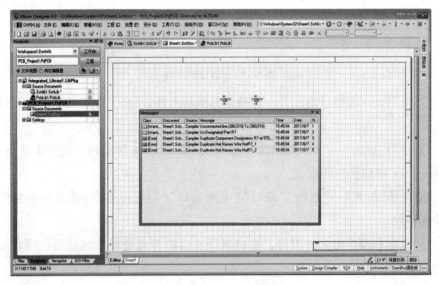

图 3 – 23　原理图编译

⑧网络报表和其他报表。原理图校对结束后，用户可利用系统提供的各种报表生成服务模块创建各种报表，例如网络报表、元件报表等，为后续的 PCB 板设计做好准备。

使用"设计"→"工程的网络表"→"Protel"生成网络报表，如图 3 – 24 所示。

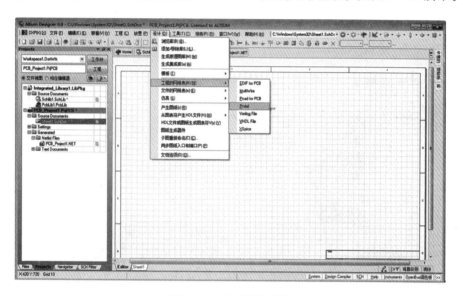

图 3 – 24 生成网络报表

使用"报告"→"Bill of Materals"生成元件报表，如图 3 – 25 所示。

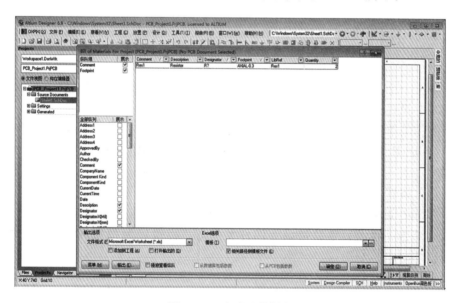

图 3 – 25 生成元件报表

⑨文件输出和打印。使用"文件"→"智能 PDF"进入 PDF 文件制作向导,对相应选项进行配置后就可以输出 PDF 文档了,如图 3 - 26 所示。

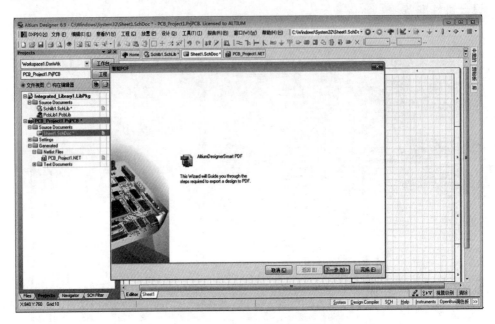

图 3 - 26　PDF 文件制作向导

使用"文件"→"打印"也可以打印出纸质的电路图文件。

3.3　工程参数设置

建立一个项目文件后,根据实际情况需要对项目的设置进行调整。本小节将介绍项目设置的具体步骤及部分常用项目设置选项的含义。

在主菜单中选择"工程"→"工程参数"命令打开"Options for PCB Project PCB_Project1. PrjPcb"对话框,如图 3 - 27 所示。下面对几种常用选项进行简要介绍。

电气属性类:"Error Reporting"和"Connection Matrix"。

"Error Reporting":错误报告是编译原理图时的依据,可将错误报告分为不报告、警告、错误、致命错误等四种类型,并将报告类型用四种不同颜色来区分。

"Connection Matrix":连接矩阵是编译原理图的依据,与"Error Reporting"类似。

文档比较类:"Comparator"和"ECO Generation"。

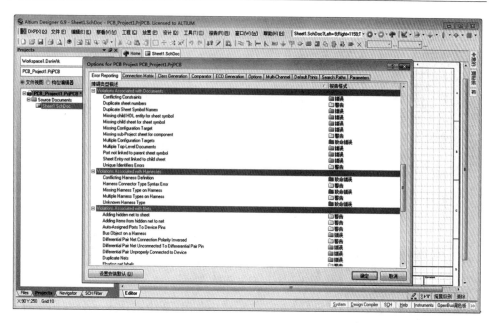

图 3 - 27　"Options for PCB Project PCB_ Project1. PrjPcb"对话框

"Comparator"：比较器用于原理图和 PCB 图之间元件和网络等参数比较，在原理图编辑器或 PCB 图编辑器中使用"设计 \ Update"指令时，软件会自动产生差别报告，提醒原理图与 PCB 图的差别。

"ECO Generation"：与"Comparator"相似，当原理图或 PCB 图中有任何关于元件或网络发生变化时，都会在对应的 PCB 图或原理图上对相应变化进行差别提醒。

项目编译：选择"工程"→"Compile Document"对原理图或 PCB 图进行编译。如果存在警告或者错误会弹出报警信息窗口。

3.4　原理图参数设置

Altium Designer 提供了原理图参数设置选项，通过对这些选项和参数的设置，可以使原理图绘制满足用户的设计要求，有效提高绘图效率。具体设置的方法如下。

①启动 Altium Designer，打开上一节中创建的工作空间，系统自动打开工作空间中的项目，进入原理图编辑界面，打开名称为"Sheet1. SchDoc"的空白原理图。

②选择"工具"→"设置原理图参数"命令打开如图 3 -28 所示的"参数选择"对话框。

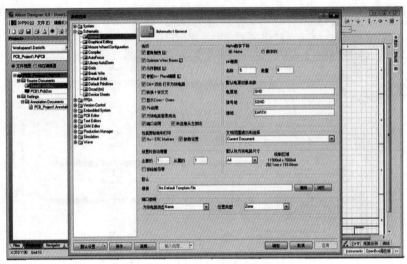

图 3 - 28　"参数选择"对话框

　　"参数选择"对话框中"Schematic"选项组中共有 12 个选项卡，分别用于设置原理图绘制过程中的各类功能选项。下面对部分选项卡进行介绍。

3.4.1　"General"选项卡

　　"General"选项卡如图 3 - 29 所示。"General"选项卡主要用于原理图编辑过程中通用项的设置，按照选项功能细分，共分为 10 个选项区域，其中各选项的功能介绍如下：

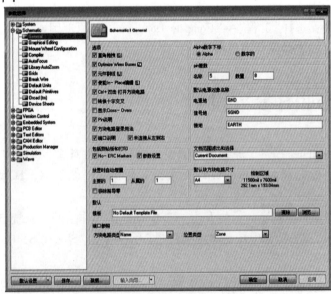

图 3 - 29　"General"选项卡

3.4.1.1　"选项"区域

"选项"区域用来设置原理图绘制过程中导线连接属性,包含 11 个复选项。

"直角拖拽"复选项。结果对比如图 3 - 30 所示。

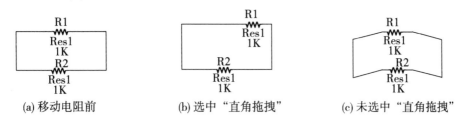

(a) 移动电阻前　　　　　(b) 选中"直角拖拽"　　　　(c) 未选中"直角拖拽"

图 3 - 30　选中"直角拖拽"复选项前后的区别

"元件割线"复选项。必须选中"Optimize Wires Buses"复选项,"元件割线"复选项才有效。结果对比如图 3 - 31 所示。

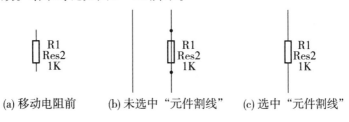

(a) 移动电阻前　　　(b) 未选中"元件割线"　　　(c) 选中"元件割线"

图 3 - 31　选中"元件割线"复选项前后的区别

"使能 In - Place 编辑"复选项用于设置在原理图中直接编辑文本。选中该项后,用户可通过在原理图中的文本上单击鼠标左键,直接进入文本编辑框,修改文本内容。建议选中该复选项。

"显示 Cross-Overs"复选项。图 3 - 32 为两条交叉而不导通的导线的不同表示。

(a) 未选中"显示Cross-Over"复选项　　　　　(b) 选中"显示Cross-Over"复选项

图 3 - 32　选中"显示 Cross-Over"复选项前后的区别

"Pin 说明"复选项。结果对比如图 3 – 33 所示。

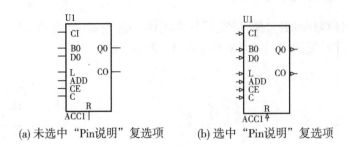

(a) 未选中 "Pin说明" 复选项　　　(b) 选中 "Pin说明" 复选项

图 3 – 33　选中"Pin 说明"复选项前后的区别

"端口说明"复选项。结果对比如图 3 – 34 所示。

(a) 未选中 "端口说明" 复选项　　　(b) 选中 "端口说明" 复选项

图 3 – 34　选中"端口说明"复选项前后的区别

3.4.1.2　"包括剪贴板和打印"区域

选中"No – ERC Markers"选项后，用户使用剪贴板进行复制或打印时，将包含所选对象的"No – ERC Markers"，如图 3 – 35 所示。

(a) 未选中 "No–ERC Markers"复选项　　　(b) 选中 "No–ERC Markers" 复选项

图 3 – 35　选中"No – ERC Markers"复选项前后的区别

3.4.1.3　"Alpha 数字下标"区域

"Alpha 数字下标"区域主要用来设置集成的多单元器件的通道标识后缀的类型。所谓多单元器件是指一个器件内集成多个功能单元，用多个单元来表示，以降低原理图的复杂程度。绘制电路原理图时，常常将这些芯片内部的独立单元分开使用，为便于区别各单元。通常用"元件标识号 + 后缀"的形式来标注其中某个部分。

3.4.1.4　"Pin 差数"区域

"Pin 差数"区域用于设置元件符号标注的引脚名称、引脚号与元件符号边缘之间的距离。

3.4.1.5　"默认电源对象名称"区域

"默认电源对象名称"区域用于设置原理图中电源标志的默认网络标签。用户根据需要在电源属性对话框内进行设定。

3.4.1.6　"放置时自动增量"区域

"放置时自动增量"区域用来设置元件及引脚号自动标识过程中的序号递增量。

3.4.1.7　"默认"区域

"默认"区域用于设定默认的模板文件。

3.4.1.8　"文档范围滤出和选择"区域

"文档范围滤出和选择"区域用于设置选择图元对象、过滤图元对象操作的应用范围。

3.4.1.9　"默认块方块电路尺寸"区域

"默认块方块电路尺寸"区域内的下拉列表用来设置空白文档的尺寸大小，默认为"A4"。

3.4.1.10　"端口参照"区域

"端口参照"区域提供增加或移除端口指令。

3.4.2　"Graphical Editing"选项卡

"Graphical Editing"选项卡如图 3 - 36 所示。本选项卡主要对原理图编辑中的图像编辑属性进行设置，如鼠标指针类型、栅格、后退或重复操作次数等，具体介绍如下。

3.4.2.1　"选项"区域

"选项"区域用于设定原理图文档的操作属性。

"剪切板参数"复选项用于设置在剪贴板中使用的参考点。选中该项后，当用户在进行复制和剪切操作时，系统会要求用户再进一步操作，设置所选择图元对象复制到剪贴板时的参考点。当把剪贴板中的图元粘贴到电路图上时，将以第二步选定的参考点为基准。

"添加模板到 Clipboard"复选项用于设置剪贴板中是否包含模板内容。选中

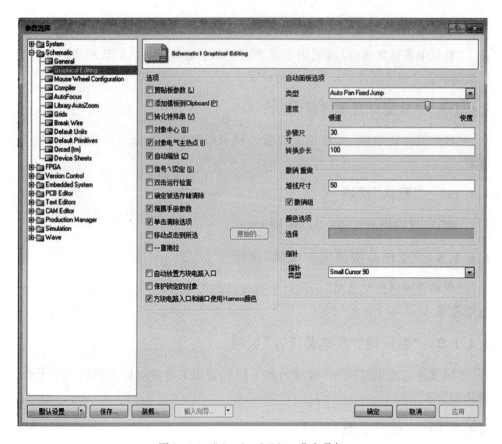

图 3 – 36 "Graphical Editing"选项卡

该项后，用户对图元进行复制或剪切操作，会将当前文档所使用的模板的相关内容一起复制到剪贴板。若未选中该复选项，用户可以直接将原理图复制到 Word 文档。

"信号'\'否定"复选项用于设置引脚名取反的符号，选中该复选项后，在引脚"名称"前添加"\"符号后，引脚名上方就显示代表反值信号有效的短横杠。图 3 – 37 展示了一个"名称"项设置为"\abcdefgh"的引脚在选择"信号'\'否定"复选项前后的显示情况。

(a)未选择"信号'\'否定"复选项　　(b)选择了"信号'\'否定"复选项

图 3 – 37　选择"信号'\'否定"复选项前后的显示效果

"一直拖拉"复选项用于设置在移动具有电气意义的图元对象位置时，将保持图元对象的电气连接状态，系统会自动调整导线的长度和形状。

3.4.2.2 "自动面板选项"区域

"自动面板选项"区域指在工作区无法完全显示当前的整幅图纸时，通过调整鼠标位置，调整视图显示的图纸区域，以便用户能在显示比例不变的情况下对图纸的其他部分进行编辑。

"速度"滑块用于设定自动摇景的移动的速度。

"步骤尺寸"编辑框用于设置视图每帧移动的步距。

"转换步长"编辑框用于设置当按下"Shift"键时，每帧视图移动的距离。

3.4.2.3 "撤销 重做"区域

"撤销 重做"区域用于设置可撤销或重复操作的次数。

3.4.2.4 "颜色选项"区域

"颜色选项"区域用于设定有关对象的颜色属性。

3.4.2.5 "指针类型"区域

"指针类型"下拉列表用于设置对象操作时的鼠标指针类型。有四种鼠标指针视图，如图 3 - 38 所示。

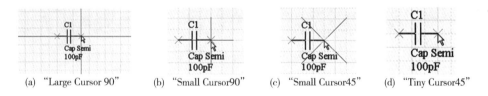

(a) "Large Cursor 90"　　(b) "Small Cursor90"　　(c) "Small Cursor45"　　(d) "Tiny Cursor45"

图 3 - 38 四种不同的鼠标指针视图

3.4.3 "Compiler"选项卡

"Compiler"选项卡如图 3 - 39 所示。该选项卡用于设置原理图编译属性，其中的选项介绍如下。

3.4.3.1 "错误 警告"列表

"错误 警告"列表用于设置编译错误或警告信息的显示属性。系统提供了三种错误或警告的级别，分别是"Fatal Error"致命错误、"Error"错误和"Warning"警告，用户可在"显示"列中设置是否显示对应级别的错误或警告信息，在"颜色"列中设置对应级别的错误或警告信息的文本颜色。

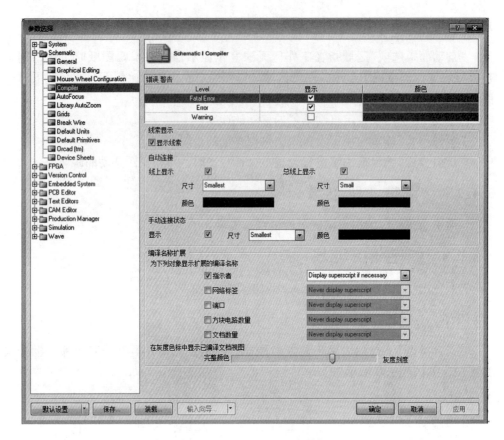

图 3 - 39 "Compiler"选项卡

3.4.3.2 "线索显示"选项区域

"线索显示"选项区域用于设置是否在鼠标移动到错误和警告发生区域的时候显示错误或警告的提示信息。

3.4.3.3 "自动连接"选项区域

"自动连接"选项区域用于设置原理图中自动生成的电气连接点的属性。

3.4.3.4 "手动连接状态"选项区域

"手动连接状态"选项区域用于设置原理图中手工布置的电气连接点的属性。

3.4.3.5 "编译名称扩展"选项区域

"编译名称扩展"选项区域用于设置显示编译名称扩展的显示对象,通过选择"编译名称扩展"选项区域的各类图元对象,使其显示对应的物理扩展名称。

3.4.4　"Grids"选项卡

"Grids"选项卡如图 3 −40 所示。该选项卡用于设置原理图绘制界面中的网格选项。在进行原理图绘制时，为了使元件的布置更加整齐，连线更加方便，Altium Designer 提供了三种网格，分别是"Snap Grid""Electrical Grid"和"Visible Grid"。

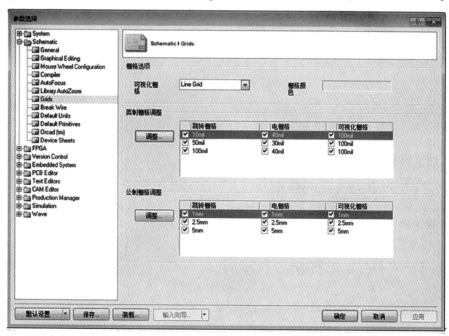

图 3 −40　"Grids"选项卡

"Snap Grid"限制了鼠标在进行操作时的位置。使用"Snap Grid"网格功能后，在布置或移动图元对象时，鼠标指针的位置将被限制在由"Snap Grid"定义的点阵上，这样能保证对象位置整齐，给鼠标定位也带来了方便。

"Electrical Grid"用于方便进行电气连接。使用"Electrical Grid"网格功能后，在进行布置或调整导线连接过程时，鼠标指针不必准确移到电气连接点处，只要将鼠标移到该电气接点所在的电气网格的范围内，系统会自动将鼠标指针定位到该电气连接点上。

"Visible Grid"用于在工作区显示网格背景，方便用户定位、对齐元件。

"Grids"选项卡中共有三个选项区域，其中选项的功能介绍如下。

3.4.4.1　"栅格选项"选项区域

"可视化栅格"下拉列表用于设置工作区显示的网格背景"可视化栅格"的类型。Altium Designer 提供两种网格类型，分别是"Line Grid"和"Dot Grid"。"Line Grid"

由纵横交叉的直线组成，"Dot Grid"由等间距排列的点阵组成，如图 3 –41 所示。

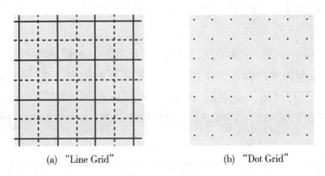

(a) "Line Grid"　　　　　　　　　(b) "Dot Grid"

图 3 –41　两种网格

3.4.4.2　"英制栅格调整"区域

用于设置英制长度单位。

3.4.4.3　"公制栅格调整"区域

用于设置公制长度单位。

3.4.5　"Default Units"选项卡

"Default Units"选项卡如图 3 –42 所示。该选项卡用于设置系统默认的长度单位。

图 3 –42　"Default Units"选项卡

3.4.6　"Default Primitives"选项卡

"Default Primitives"选项卡如图 3 – 43 所示。该选项卡用于设置各图元对象的默认初始参数。

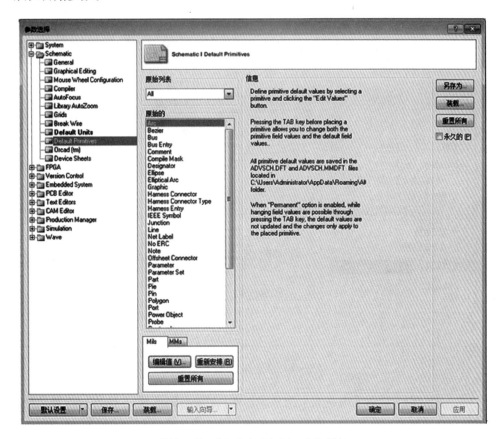

图 3 – 43　"Default Primitives"选项卡

3.5　原理图文档设置

3.5.1　当前文档设置

接下来需要设置当前文档的选项，调整原理图文档的网格系统和页面规格。这些设置将只应用于当前文档。设置的步骤如下：

①启动 Altium Designer，选择打开 2.3.1 节创建的"WorkSpace1. DsnWrk"设计工作区，系统自动调入设计工作区中的 PCB 项目"PCB_ Project1. PrjPcb"，双击该项目下的"Sheet1. SchDoc"文件进入原理图编辑界面。

②在原理图编辑窗口的工作区中单击鼠标右键，然后在弹出的快捷菜单中选择"选项\ 文档选项"命令，或直接选择"设计"→"文档选项"命令打开如图 3 - 44 所示的"文档选项"对话框。

图 3 - 44 "文档选项"对话框

"文档选项"对话框内有三个选项卡，即"方块电路选项""参数"和"单位"选项卡，分别用来设置文档选项和文档中的参数。其具体功能介绍如下。

3.5.1.1 "方块电路选项"选项的设置

"方块电路选项"选项卡包括"模板"区域、"标准类型"区域、"定制类型"区域、"选项"区域、"栅格"区域、"电栅格"区域和"更改系统字体"按钮等共六个区域和一个按钮。

（1）"模板"区域。"模板"区域用于设定文档模板，在该区域的"文件名"编辑框内输入模板文件的路径即可。

（2）"标准类型"区域。用于选择标准图纸的标准类型。在如图 3 - 45 所示的"标准类型"下拉列表内选择标准图纸模板的类型。

（3）"选项"区域。"选项"区域用于设置图纸的方向、标题栏及边框等部分。

"方位"下拉列表用来设定图纸的放置方向。可供选择的选项有"Landscape"

图 3 - 45 "标准类型"下拉列表

项和"Portrait"项，其中"Landscape"项表示横向放置图纸，"Portrait"项表示纵向放置图纸。

"标题块"复选项用来设置图纸标题栏的显示。选中该复选项后，图纸上将显示标题栏，并且通过"标题块"下拉列表，用户可选择标题栏的类型。系统提供两种格式的标题栏，分别是"Standard"（标准格式）和"ANSI"（美国国家标准协会支持格式），如图 3 - 46 所示。系统默认为"Standard"格式。若未选中该复选项，则不显示标题栏。

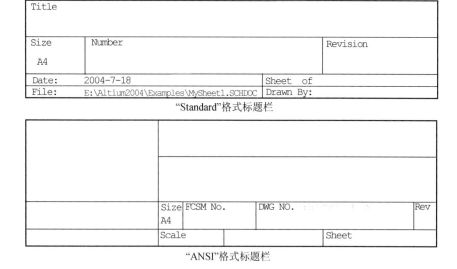

图 3 - 46 两种格式标题栏

（4）"定制类型"区域。"定制类型"区域用于自定义图纸类型。当标准图纸格式无法满足设计要求时，用户可以自定义图纸格式。要想使用自定义图纸格式的功能，必须选中"使用定制类型"右边的复选框才能激活"定制类型"区域内的其他控件进行参数设置。

（5）"栅格"区域。"栅格"区域用于设定捕捉栅格及可视栅格的尺寸。

（6）"电栅格"区域。"电栅格"区域用于设置是否采用电栅格，以及电栅格的作用范围。

为方便用户在进行原理图绘制时定位元件的引脚，提供了电栅格功能。"使能"复选框被选中后，若鼠标指针与元器件引脚的距离小于"栅格范围"编辑框内的设定值，则系统会自动将鼠标指针移到该引脚上，并显示一个热点或亮点。此项功能为摆放原理图组件、连接导线等带来极大的方便。建议将"栅格范围"内的值设置为略小于捕捉栅格。

（7）"更改系统字体"按钮。"更改系统字体"按钮用于打开"字体"对话框，设置文档中的字体。

3.5.1.2　"参数"选项设置

单击"文档选项"对话框中的"参数"标签将打开如图 3 – 47 所示的"参数"选项卡。在该选项卡中可设置文档内图元的变量。

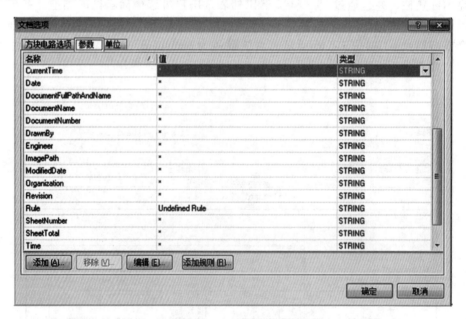

图 3 – 47　"参数"选项卡

"参数"选项卡为原理图文档提供 20 多个文档参数，供用户在图纸模板（固定在模板中）和图纸中放置。当用户为参数赋了值，并选中转换特殊字符串选项后，图纸上显示所赋参数值。

对参数赋值时，先在列表中选择该参数的名称，然后单击"编辑"按钮，或者直接双击列表中该参数的名称，打开如图 3 – 48 所示的"参数工具"对话框，在该对话框的"值"文本框内输入参数值。如果是系统提供的参数，其参数名是不可更改的(灰色)。单击"确定"按钮即可完成参数赋值的操作。

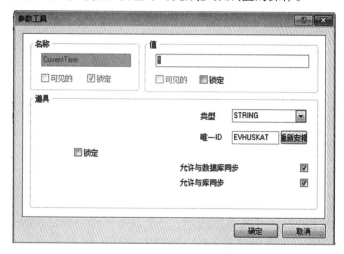

图 3 – 48　"参数工具"对话框

完成赋值操作后，"参数"选项卡内的列表中对应的参数行就会显示用户所设置的参数的数值，单击"确定"按钮即可结束设置。

3.5.1.3　"单位"选项设置

单击"文档选项"对话框中的"单位"标签将打开如图 3 – 49 所示的"单位"选项卡。在"单位"选项卡中有英制和公制两种单位系统。

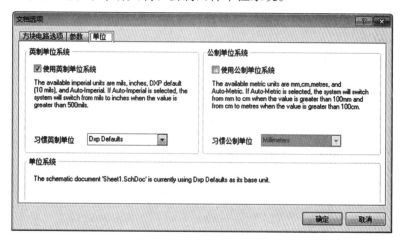

图 3 – 49　"单位"选项卡

3.5.2　文档模板设置与制作

接下来绘制一个信息栏，并保存为设计模板。信息栏可以勾选"标题块"选择默认格式；也可以不选默认格式，自己绘制一个信息栏框。

首先单击"放置"→"绘图工具"→"线"，开始描绘图框。绘制好的信息栏如图 3－50 所示。

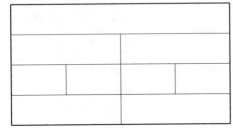

图 3－50　信息栏框

文件名			
图纸大小：	序号：	版本号：	制图：
日期：	时间：	页码：	审核：
文件路径：		单位：	

图 3－51　图纸信息模板

接下来单击"放置"→"文本字符串"，并设置字符串颜色为黑色。这些字符串主要是放置信息栏中各类信息名称，如图 3－51 所示。

下面放置文件具体信息。有一种是固定文本，还有一种是动态信息文本。固定文本一般为信息栏标题文本。例如：在图框第一个框要放置一个"文件名"的文本，单击"放置"→"文本字符串"，单击字体"变更"选项可以对字体进行修改。这里将颜色变更为蓝色，以示与信息名称进行区别。例如：如果图纸的文件是需要在原理图设计中自行加入信息，文件名后空白即可。另一种情况是，在设计当文档发生变化自动更新文件名时，再加入一行文本字符串。在属性框文本下拉框中选择" ＝ DocumentName"选项，单击"确定"后，在图纸上会自动显示当前的文档名，如图 3－52 所示。

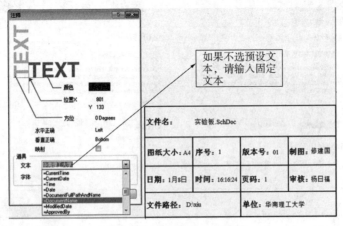

图 3－52　动态信息文本放置

下拉的字符串可以在放置字符串之前进行预设：选择"设计"→"文档选项"
→"参数"进行预设，如图 3 – 53 所示。

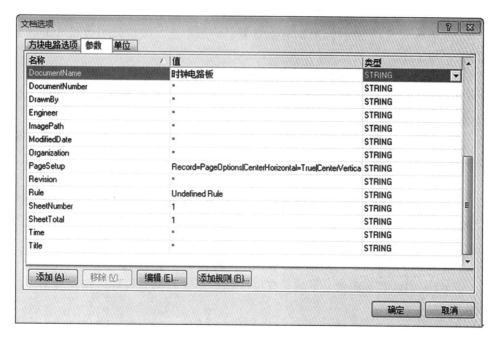

图 3 – 53　动态信息文本预设

文本框下拉的自动转换的字符串说明：

"＝CurrentTime"：显示当前的系统时间，显示格式为 HH：MM：SS（即可以
显示到秒）。

"＝CurrentDate"：显示当前的系统日期。

"＝Time"：显示创建时间。选择显示文档的创建时间（选择此项后，修改文
档时时间发生变化但不更新时间）。

"＝Date"：显示文档创建日期。

"＝DocumentFullPathAndName"：显示文档的完整保存路径。选择此项后，
当保存的文档路径发生变化时，则会自动更新该文档所在的完整路径（如果该框
长度不足，则中间部分会以省略号代替）。

"＝DocumentName"：显示当前文档的完整文档名。选择此项后，会自动显
示当前文档的名称，当文档名发生变化时，系统会自动更新为当前的文档名。

"＝ModifiedDate"：显示最后修改的日期。选择后文档最后一次修改的日期会
自动更新到图纸，以"修改日期"为前缀格式设定。如："修改日期：2017 – 8 – 8"。

"＝ApproveBy"：图纸审核人。选择后会将图纸的审核人的名字显示到图纸
上（注意：此数值必须在"方块电路选项"中的参数选项框中进行预设，否则只能
显示"＊"，因为默认此数值是空的）。

"=CheckeBy"：图纸检验人，其他同上。

"=Author"：图纸作者，其他同上。

"=CompanyName"：公司名称，其他同上。

"=DrawnBy"：绘图者(感觉有点重复，一般不选。极少公司会和 Author 分开的)不再描述。

"=Engineer"：工程师。需在文档选项中预设数值，才能正确显示。

"=Organization"：显示组织/机构。需要在文档选项中预设数值，才能正确显示。

"=Address1/2/3/4"：显示地址。需要在文档选项中预设数值，才能正确显示。

"=Title"：显示标题。需要在文档选项中预设数值，才能正确显示。

"=DocumentNumber"：文档编号。在整个项目中一个设计有多个原理图或层次原理图才能正确显示。

"=Revision"：显示版本号。需要在文档选项中预设数值，才能正确显示。

"=SheetNumber"：图纸编号。在层次原理图中才能正确显示。

"=SheetTotal"：图纸总页数。在层次原理图或者同一设计多张原理图中才能正确显示。

"=ImagePath"：映像路径。需要在文档选项中预设数值，才能正确显示。

"=Rule"：规则。需要在文档选项中预设数值。

图纸各项信息可根据自己公司的要求进行设计。

图 3-54 所示是一个简单的标准 A4 模板。

文件名：实验板 . SchDoc			
图纸大小：A4	序号：1	版本号：01	制图：修建国
日期：1 月 8 日	时间：16:18:27	页码：1	审核：杨日福
文件路径：D: \ xiu		单位：华南理工大学	

图 3-54　信息栏模板

在完成模板设计后，单击"文件"→"保存为"，文件类型选择"Advanced Schematic Template"，并输入模板名称"A4_Anda. SCHIOT"，默认保存的路径是在程序安装的根目录下的"Templates"文件下。可根据自己的需要修改保存的路径。本书将模板放在"D: \ 教材 \ xiu"，命名为"A4_Anda. SCHIOT"，如图 3-55 所示。

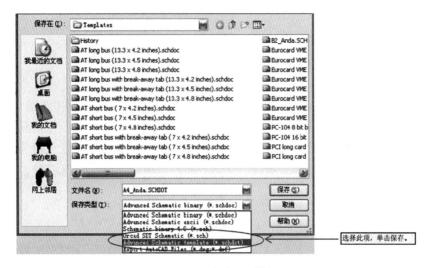

图 3 – 55　保存 A4 模板

　　如何调用刚才建立好的文档模板? 选择"工具"→"设置原理图参数",在"参数选项"框里选择"Schematic"下拉菜单下的"Genral"右边最下面的"默认"选项框模板,单击"浏览",选择建立的模板位置,单击"确定"。下次建立原理图的时候就会调用自己建立的文档模板了,如图 3 – 56 所示。(注意:要先设置好模板再建立原理图,系统才会调用自己建立的模板文件,否则都调用默认的原理图模板。)

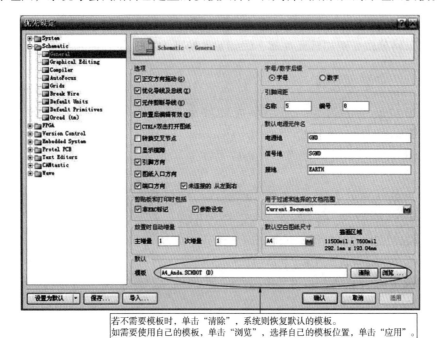

图 3 – 56　默认模板选择

3.6 放置图元对象

设计原理图的过程，主要就是在原理图的图纸上布置各种原理图图元对象，然后通过电路连线或网络标号等实现连接关系的过程。这些图元既包括具有电气属性的图元，例如电子元件符号、导线、网络标号、电源端口等电气对象，也包括不具有电气属性的图元，如线段、圆形、矩形、多边形等非电气对象，还包括一些标记符号。

3.6.1 放置电子元件的方法

电子元件是电路设计中最重要的图元对象。为了让设计者一看到图元就能识别出电子元件，在原理图中的电子元件往往使用电子元件的逻辑结构，图元外观根据国际标准绘制成某种固定图样。Altium Designer 将各种不同电子元件图元放置在同一个集成元件库中。使用的元件库为集成元件库，即元件库中任何一个元件下既有该元件的原理图符号，还包括该元件的仿真模型、PCB 封装模型和 3D 模型。这种结构方便了用户的管理和调用。

Altium Designer 在启动时并没有加载所有电子元件库，大多数情况下，用户需手动加载相应的集成元件库，然后在元件库中选择所需要的元件添加到原理图中。本节将依次介绍加载元件库、添加元件的具体步骤。

3.6.1.1 加载元件库

本节将通过加载两个通用集成元件库"Miscellaneous Devices. Intlib"和"Miscellaneous Connector. IntLib"实例，介绍加载集成元件库的步骤。

①启动 Altium Designer，在"Workspace"列表中选择之前创建的设计工作区"Workspace1. DsnWrk"，系统自动调入设计工作区中的 PCB 项目"PCB_Project1. PrjPcb"，启动原理图编辑模块，打开"Sheet1. SchDoc"文件。

②单击主窗口右侧的"库"工作面板标签，打开如图 3 - 57 所示的"库"工作面板。

③单击"库"工作面板上方的"Libraries..."

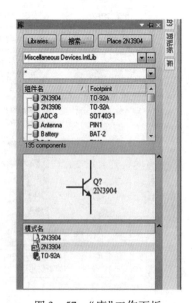

图 3 - 57 "库"工作面板

按钮，打开如图 3 – 58 所示的"可用库"对话框。

图 3 – 58　"可用库"对话框

　　在"可用库"对话框内的"已安装"选项卡中列出了当前加载的所有元件库的名称、元件库的路径和类型。由于没有加载其他元件库，所以列表中仅列出了默认加载的两个元件库。

　　④单击"安装"按钮打开如图 3 – 59 所示的"打开"对话框。

图 3 – 59　"打开"对话框

⑤在"打开"对话框中选择需添加的元件库文件。本例选择"Altium \ Library \ "目录下的"Miscellaneous Devices. IntLib"和"Miscellaneous Connector. Intlib"文件，单击"打开"按钮将该元件库文件添加到"已安装库"的列表中，如图 3 – 60 所示。

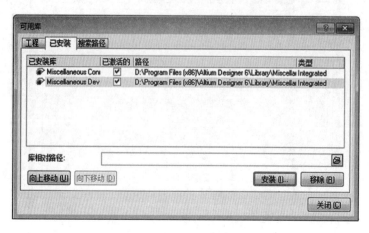

图 3 – 60　"已安装"选项

⑥单击"可用库"对话框中的"关闭"按钮完成元件库的加载。

加载元件库后，"库"工作面板将自动列出最新加载的元件库中的元件列表，如图 3 – 61 所示。

3.6.1.2　添加电子元件到原理图中

添加元件到原理图中的步骤如下：

①菜单中选择"放置"→"器件"命令，或单击添加元件按钮 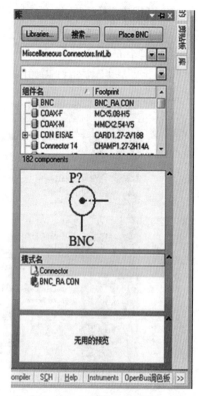，打开如图 3 – 62 所示的"放置端口"对话框，或者按快捷键 P 键。

②单击"放置端口"对话框中"器件详情"选项区域内的"…"浏览按钮，打开如图 3 – 63 所示的"浏览库"对话框。

③单击"浏览库"对话框中的"库"下拉列表，在弹出的列表中选择"Miscellaneous Devices. IntLib"。

④在"浏览库"对话框的组件列表中选择需要添加的组件名称"Res1"，就可以在"浏览库"对话框右下角看到所选组件的 PCB 图，如图 3 – 63 所示。

图 3 – 61　"库"工作面板

图 3-62　"放置端口"对话框

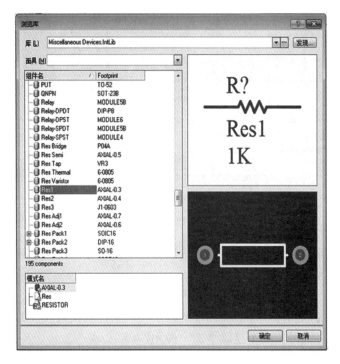

图 3-63　"浏览库"对话框

⑤单击"浏览库"对话框"确定"按钮关闭该对话框,然后单击"放置端口"对话框中的"确定"按钮。

此时鼠标指针将变成设置的十字形,并且鼠标指针上还吸附一个选中的元件符号，如图 3 - 64 所示。

⑥单击键盘 Tab 键打开如图 3 - 65 所示的"组件 道具"对话框。

⑦在"组件 道具"对话框的"道具"区域内的"指定者"编辑框内输入元件的编号"R1"，单击"确定"按钮关闭"组件 道具"对话框。

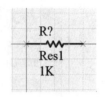

图 3 - 64　鼠标指针及其吸附的元件符号

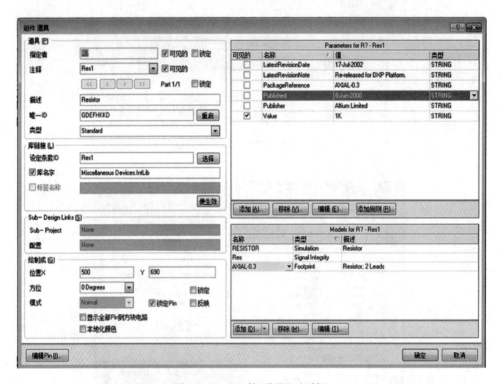

图 3 - 65　"组件 道具"对话框

⑧移动鼠标指针至原理图中的合适位置，单击鼠标即可在鼠标指针所在位置添加一个所选元件。

添加了一个元件后，鼠标指针上吸附的元件标志并不会消失，用户可以继续在其他地方添加该元件。在添加元件的过程中无须再次设置元件编号，系统会自动递增设置元件编号，便于连续添加一种元件。

⑨重复步骤⑧在原理图其他地方添加元件。所有元件添加完毕后，单击鼠标右键，或键盘 ESC 键，重新打开"放置端口"对话框，选择布置其他元件，或单击"放置器件"对话框中的"取消"按钮结束本次元件添加操作。

用户还可以从元件库面板中直接添加元件到原理图中，通常这样操作更加方便快捷，步骤如下：

①单击"库"标签打开"库"工作面板。

②在"库"工作面板的元件库下拉列表中选择欲添加的元件所在的元件库"Miscellaneous Devices. IntLib"。

③在元件列表中双击欲添加的元件名称"Res1"，或者选中"Res1"后单击"库"工作面板右上部的"Place Res1"按钮，鼠标指针将变成十字形，并且吸附一个"Res1"元件的原理图符号。

④单击键盘的 Tab 键打开"组件 道具"对话框，在"组件 道具"对话框中设置好元件的编号，单击"确定"按钮。

⑤移动鼠标指针至合适位置，单击鼠标即可在鼠标指针所在位置添加一个所选元件。

添加了一个元件后，鼠标指针上悬浮的元件标志并不会消失，如果在原理图上其他位置单击鼠标，会在单击处再添加一个元件，这样便于连续添加同一元件。

⑥单击鼠标右键或 Esc 键结束元件的添加。

3.6.2　布置导线

导线用于连接具有电气连通关系的各个原理图管脚，表示其两端连接的两个电气接点处于同一个电气网络中。原理图中任何一根导线的两端必须分别连接引脚或其他电气符号。在原理图中添加导线的步骤如下：

①在主菜单中选择"放置"→"线"命令，或者单击"布线"工具栏中的布置导线工具按钮 ≈ ，或者按快捷键 P、W 键。此时鼠标指针自动变成十字形，表示系统处于放置导线状态。

②单击键盘 Tab 键，打开如图 3 - 66 所示的"线"对话框。根据设计需要在"线"对话框中变更线的颜色和粗细。

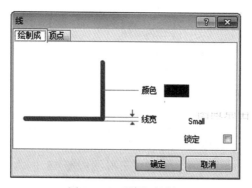

图 3 - 66　"线"对话框

③单击鼠标左键或单击键盘回车键确定导线的起点。移动鼠标指针后，会出现一条细线从所确定的第一个端点处延伸出来，直至鼠标指针当前所指位置。

④将鼠标指针移到导线的下一个折点，单击鼠标左键或单击回车键在导线上添加一个布线点，系统自动布置从端点到该布线点之间的导线。

⑤继续移动鼠标指针确定导线上的其他布线点，直至导线的终点。

⑥单击鼠标右键或单击 Esc 键，完成这一条导线的布置，整个过程如图 3 - 67 所示。

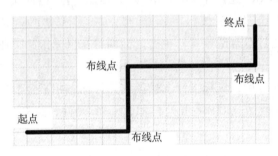

图 3 - 67　布置导线的过程

⑦移动鼠标指针，在图纸上布置其他导线，如果导线布置完毕，单击鼠标右键，或者单击 Esc 键结束导线的布置。

⑧也可以通过设定导线坐标(x，y)布置导线。先在工作区内画一条线，用鼠标左键选择该段导线，在右键弹出菜单中选择"特性"，再在弹出"线"菜单栏中选择"顶点"。接下来可以根据需要通过坐标的方式添加或移除线段，如图 3 - 68 所示。

图 3 - 68　通过坐标画线

图 3 - 69　"点到点路由选项"对话框

此外，Altium Designer 还提供了四种导线走线的模式。按键盘 Shift + Space 键可以选择各种模式："90 degree"模式，导线按照水平和垂直方向走线，如图 3 - 70a所示；"45 degree"模式，该模式下导线按照 45°的方向走线，如图 3 - 70b 所示；"Any Angle"(自由角度)模式，该模式下导线按照直线连接其两端的电气结点，如图 3 - 70c 所示；"Auto Wire"（自动布线）模式，该模式下用户只需要指定导线两端的电气结点，系统自动生成连接所选择的结点的导线，生成的导线能自动避开布线路径上的其他图元对象，如图 3 - 70d 所示。在布线过程中，单击 Tab 键可打开如图 3 - 69 所示的"点到点路由选项"对话框。

其中"Time Out After(s)"编辑框用来设置自动布线的时间限制。"避免切线"滑块用于设定自动布线过程中避免与其他线交叉的要求程度，越向右则要求越高，相应布线质量越好，花费时间也越长。

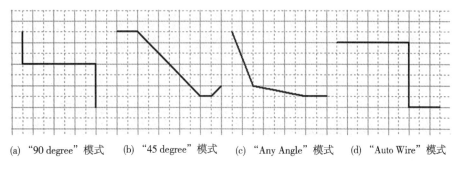

(a) "90 degree" 模式　　(b) "45 degree" 模式　　(c) "Any Angle" 模式　　(d) "Auto Wire" 模式

图 3 - 70　四种布线模式比较

3.6.3　布置总线和总线引入线

为降低原理图的复杂度，提高原理图的可读性，设计者可在原理图中使用总线(Bus)。总线是若干条性质相同的信号线的组合。在 Altium Designer 的原理图编辑器中，总线和总线引入线实际上都没有实质的电气意义，仅仅是为了方便看原理图而采取的一种示意形式。电路上依靠总线形式连接的相应点的电气关系不是由总线和总线引入线确定的，而是由在对应电气结点上布置的"网络标号"确定的，只有网络标号相同的各个点之间才真正具备电气连接关系。

通常情况下，总线比一般导线粗，而且在两端有多个总线引入线和网络标号。总线的布置过程与导线基本相同，其具体步骤如下：

①单击"布线"工具栏上的布置总线工具按钮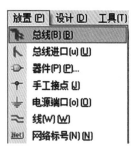，或者选择主菜单中的"放置"→"总线"命令，或者按快捷键 P、B 键，如图 3 - 71 所示。

此时鼠标指针自动变成十字形，表示系统处于放置导线状态。

②单击键盘上的 Tab 键打开如图 3 - 72 所示的"总线"对话框。

图 3 - 71　选择主菜单中的"放置"
　　　　　　→"总线"命令

图 3 – 72　"总线"对话框

③在"总线"对话框中，用户可设置总线的颜色，选择总线的宽度。

④所有与总线相关的选项都设置完毕后，单击"确定"按钮关闭"总线"对话框。

⑤将鼠标指针移动到欲放置总线的起点位置，单击鼠标左键或单击回车键确定总线的起点。

⑥将鼠标指针移到总线的下一个转折点或终点处，单击鼠标左键或单击回车键添加导线上的第二个固定点。到达总线的终点后，先单击鼠标左键或单击键盘回车键确定终点，然后单击鼠标右键或单击 Esc 键完成这一条总线的布置。

与导线布置方式相同，按 Shift + Space 键可以在各种模式间循环切换。

仅仅在原理图中绘制完总线还不行，总线无法直接连接器件，还需要为其添加总线引入线和网络标记，步骤如下：

①单击"布线"工具栏中的布置总线引入线工具按钮 ⵏ ，或者在主菜单选择"放置"→"总线进口"命令，或者可以使用快捷键 P、U 键，如图 3 – 73 所示。

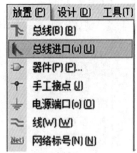
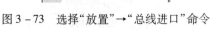

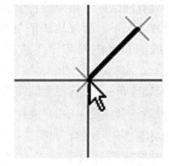

图 3 – 73　选择"放置"→"总线进口"命令　　　图 3 – 74　布置总线引入线时的鼠标指针

启动布置总线引入线命令后，鼠标指针变成十字状，并且自动悬浮一段与灰色水平方向夹角为 45°或 135°的导线，如图 3 – 74 所示，表示系统处于布置总线引入线状态。

②单击键盘上的 Tab 键打开如图 3 – 75 所示的"总线入口"对话框。

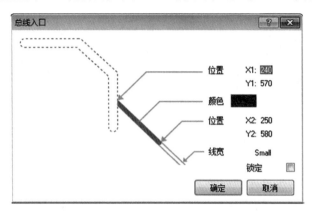

图 3 – 75　"总线入口"对话框

③在"总线入口"对话框中设置好颜色和选择总线引入线的宽度规格，单击"确定"按钮完成对总线引入线属性的修改。

④将鼠标指针移到将要放置总线引入线的器件管脚处，鼠标指针上出现一个红色的星形标记，单击鼠标即可完成一个总线引入线的放置。如果总线引入线的角度不符合布线要求，可以单击键盘的空格键调整总线引入线的方向。

⑤重复步骤④的操作，在其他管脚放置总线引入线。当所有的总线引入线全部放置完毕，单击鼠标右键或按 Esc 键退出布置总线引入线状态，此时鼠标指针恢复为箭头状态 ↖ 。

⑥单击选中总线，按住鼠标，调整总线的位置使其与一排总线引入线相连。绘制好的总线引入线如图 3 – 76 所示。

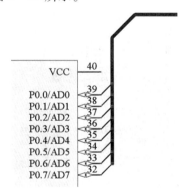

图 3 – 76　绘制好的总线引入线

用户也可以直接使用导线"线"将总线与元件管脚连接起来。这样操作相对比较麻烦，布置的引入线也不如使用总线引入线整齐美观。

3.6.4　布置网络标号

添加了总线引入线后，实际上并未在电路图上建立正确的引脚连接关系，此时还需要添加网络标签"网络标号"。网络标号是用来为电气对象分配网络名称的一种符号。在没有实际连线的情况下，也可以用来将多个信号线连接起来。网络标签可以在图纸中连接相距较远的元件管脚，使图纸清晰整齐，避免长距离连线造成的识图不便。网络标签可以水平或者垂直放置。在原理图中，采用相同名称的网络标签标识的多个电气结点，被视为同一条电气网络上的点，等同于有一条导线将这些点都连接起来了。因此，在绘制复杂电路时，合理地使用网络标签可以使原理图看起来更加简洁明了。放置网络标签的步骤如下：

①在主菜单中选择"放置"→"网络标号"命令，如图 3 - 77 所示，或者单击"Wiring"工具栏上的放置网络标签工具按钮 ![Net]，或者按快捷键 P、N 键。

启动放置网络标签命令后，鼠标指针将变成十字鼠标指针，并在鼠标指针上悬浮一个默认名为"Net Label"的标签。

②单击 Tab 键打开如图 3 - 78 所示的"网络标签"对话框。

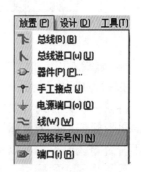

图 3 - 77　选择"放置"→"网络标号"命令

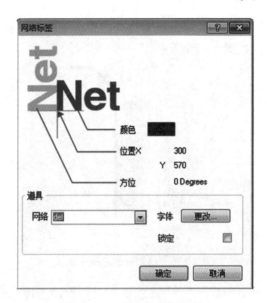

图 3 - 78　"网络标签"对话框

③在"网络标签"对话框中设置颜色、方位、网络名称和字体等选项。

在绘制网络标签时，往往把输入低电平有效或下降沿有效信号与其他信号进行区分标注。首先要在主菜单下选择"工具"→"设置原理图参数"，在"参数选项"对话框的"Graphical Editing"选项卡中选中"信号'＼'否定选项"，然后在网络标签名称的后面输入反斜杠"＼"表示信号输入低电平有效或下降沿有效，在第一个字母前加单反斜杠表示该网络为低态信号。在放置过程中，如果网络标签的最后一个字符为数字，则该数字会按照在"参数选项"对话框的"General"选项卡中"放置时自动增量"项的设置，按指定的数字递增。

④将鼠标指针移到需要放置网络标签的导线上，当鼠标指针上显示出红色的星形标记时，表示鼠标指针已捕捉到该导线，单击鼠标左键即可放置一个网络标签。

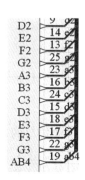

图 3 - 79　布置网络标签后的总线

如果需要调整网络标签的方向，单击键盘空格键，网络标号会逆时针方向旋转 90°。

⑤将鼠标指针移到其他需要放置网络标签的位置，继续放置网络标签。单击鼠标右键或按 Esc 键，即可结束布置网络标签状态。

图 3 - 79 为一个已布置好网络标签的总线的一端。

3.6.5　电源端口的布置

电源端口是一种表示电源和地的专用符号。每个电源端口包含一个特定的网络标签，它允许在原理图上的任何位置表示电源和地网络。电源端口的网络标签名称可以相同，也可以不同，相同则表示同一个电源或地，不同则表示不同的电源或地。布置电源端口的步骤如下：

①在主菜单中选择"放置"→"电源端口"命令，或者单击"布线"工具栏上的布置电源端口工具按钮 ⊥ 或布置接地端口工具按钮 ⊥ ，或者使用快捷键 P、O 键。

启动放置电源端口命令后，鼠标指针将变成十字鼠标指针，并在鼠标指针上悬浮一个电源或接地标志。

②单击 Tab 键打开如图 3 - 80 所示的"电源端口"对话框。

③在"电源端口"对话框中设置颜色、网络名称、方位和电源端口类型，单击"确定"按钮完成对电源端口属性的修改。

④将鼠标指针移到需要放置电源端口处，单击鼠标即可完成一个电源端口的放置。

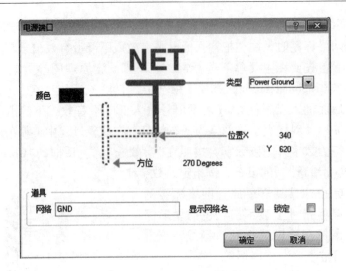

图 3 - 80　"电源端口"对话框

在布置电源端口的过程中，单击键盘空格键即可将电源端口符号按照逆时针方向旋转 90°，单击 X 键左右翻转，单击 Y 键上下翻转。布置完所有电源端口后，单击鼠标右键或按 Esc 键即可结束电源端口的布置。

3.6.6　放置电气结点

电气结点是一个小的实心圆点，在原理图上用于表示交叉导线的电气连接关系。在默认状态下，系统会在 T 形的连线交叉处自动放置电气结点，但在十字形交叉处就需要手工添加电气结点。添加电气结点的步骤如下：

①在主菜单中选择"放置"→"手工接点"命令，或者按快捷键 P、J 键。

②单击键盘上的 Tab 键打开如图 3 - 81 所示的"连接"对话框。

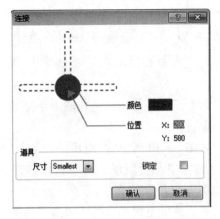

图 3 - 81　"连接"对话框

③在"连接"对话框中设置好颜色和尺寸类型，单击"确定"按钮完成对连接属性的修改。

④移动鼠标指针至连线交叉处，此时鼠标指针上显示红色星形标志，表示该处有电气结点，单击鼠标在该交叉点放置一个电气结点。布置完毕后，单击鼠标右键结束电气结点的布置。

3.6.7　布置端口

在原理图中除了使用导线、网络标签表示电气连接关系外，布置端口也是一种表示电气连接关系的方法。电路原理图端口通常为外部接入端或者内部输出端，主要用于电路原理图内外两端的电气性连接。布置端口的步骤如下：

①在主菜单中选择"放置"→"端口"命令，或者单击"布线"工具栏中的布置端口工具按钮 🔳，或者按快捷键 P、R 键。

②单击 Tab 键打开如图 3 – 82 所示的"端口道具"对话框。

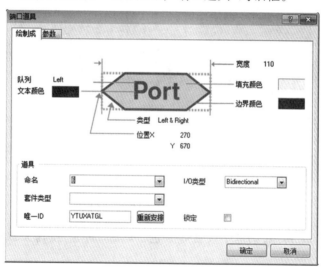

图 3 – 82　"端口道具"对话框

③在"端口道具"对话框中设置好颜色和尺寸、类型、命名和 I/O 类型等，单击"确定"按钮完成对连接属性的修改。

端口根据端口标签上的信号流向可以分为四种端口类型，分别是"Unspecified""Input""Output"和"Bidirectional"，其标志分别如图 3 – 83 所示。

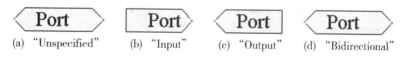

(a) "Unspecified"　　(b) "Input"　　(c) "Output"　　(d) "Bidirectional"

图 3 – 83　四种端口类型

④移动鼠标指针到原理图上需要放置端口的地方，单击鼠标将端口一端固定到原理图上，移动鼠标调整端口符号的长度，再次单击鼠标即可完成一个端口的布置。全部布置完毕后，单击鼠标右键结束端口的布置。

3.6.8 布置"No ERC"标志

布置"No ERC"标志的主要目的是，原理图在执行编译时，略过对布置有"No ERC"标志的结点的检查，避免在编译的报告中产生不必要的警告或错误信息。例如，系统默认输入型引脚必须连接，但实际上某些输入型引脚不连接也是允许的，这时如果不放置"No ERC"标志，原理图在编译时就会被认为存在引脚使用错误导致编译失败。布置"No ERC"标志的步骤如下：

①单击"布线"工具栏中的布置"No ERC"标志工具按钮 ✕ ，或者在主菜单中选择"放置"→"指示"→"没有 ERC"命令，或者按快捷键 P、I、N 键。

②单击键盘的 Tab 键打开如图 3 – 84 所示的"不做 ERC 检查"对话框。

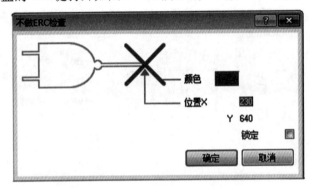

图 3 – 84 "不做 ERC 检查"对话框

③在"端口道具"对话框中设置好颜色，单击"确定"按钮完成对连接属性的修改。

原理图中器件的一些引脚在被空置的时候，系统进行实时原理图规则检查时会在该引脚下添加一个红色波浪线，表示该引脚存在错误。在该引脚上布置"没有 ERC"标志后，警告错误的红色波浪线就会消失，如图 3 – 85 所示。完成后，单击鼠标右键或者 Esc 键结束"No ERC"标志的布置。

(a) 布置"没有ERC"标志前　　(b) 布置"没有ERC"标志后

图 3 – 85 布置"没有 ERC"标志前后的引脚

3.6.9　非电气图元对象的绘制

完整的电路原理图不仅包括具有电气意义的电器元件、导线以及其他符号，还应该有不具有电气意义的非电气图元对象，例如字符、直线、多边形、曲线等，用于注释原理图提供参考信息。由于非电气图元对象是可选项，所以本书概略讲解这部分内容。

在主菜单中选择"放置"→"绘图工具"，或者单击"实用"工具栏中的绘图工具按钮 ，打开如图 3 - 86 所示的绘图工具栏。

图 3 - 86　绘图工具栏

我们通过在原理图中放置具有电气属性和非电气属性图元等过程来实现原理图的设计。其中具有电气属性的图元、连线和图形最终形成电路中的原理部分；而非电气属性的图元主要用于功能描述和说明，让读者能更好地理解电路的设计意图。入门级电路设计者往往关注电气属性图元的使用，却忽略了非电气属性图元的使用，造成电路的可读性差，甚至让人无法读懂电路。所以电路设计一定要充分利用非电气图元的说明作用，增强电路的可读性。

第4章　原理图编辑

本章将系统介绍原理图的编辑方法，通过电路原理图的设计不断修改、完善电路设计。作为实验性教材，本书强调操作的实用性，所以在原理图编辑过程中选择最便捷的实现方法进行介绍。

4.1　原理图的基本编辑操作

对原理图的编辑过程是由诸如选取、复制、剪切、移动、排列与对齐等基本操作组合而成的。读者熟练掌握这些基本操作方法后，原理图的编辑工作效率将大大提高。本节将具体介绍这些基本操作方法。

4.1.1　选取图元

"选取"是电路编辑过程中最基本的操作，在对电路图中已存在的图元进行编辑之前必须选取操作对象。在默认设置下，被选取的图元对象上将显示绿色的虚线框，表示该图元对象被选中。Schematic Editor 为用户提供了多种选取图元对象的方法，具体介绍如下。

4.1.1.1　使用鼠标选取

使用鼠标选取图元是最直接的选取方式。当只需要选取单个图元对象时，可进行如下操作：将鼠标指针移到需要选取的对象上，然后单击鼠标左键即可选中图元对象。

当需要选择多个分布较分散的图元对象时，可进行如下操作：按住 Shift 键，然后用鼠标一一单击需要选取的对象即可连续选择多个对象。

当需要选取位置集中的多个图元对象时，可进行如下操作：在图纸的合适的空白位置按住鼠标左键，当鼠标指针变成十字状后，拖动鼠标指针，显示一个动态矩形选择框，当所有待选图元完全包括在矩形选择框内后，释放鼠标左键即可选中矩形区域内完全包含的所有对象。进行该操作需要注意三点，一是只有在空白位置单击才能将鼠标指针变为十字状；二是在拖动过程中不能松开鼠标左键，需要保持鼠标指针为十字状；三是只有被矩形框完全包含的对象才能被选中。

4.1.1.2　使用区域选取工具按钮 ▨

使用原理图标准工具栏中的区域选取工具按钮 ▨ 可以一次选择多个图元对象，其具体操作如下：

①单击原理图标准工具栏上的区域选取工具按钮 ▨，鼠标指针变为十字形，在图纸上合适位置单击鼠标，确定对象选取区域的一个顶点。

②然后移动鼠标指针，调整对象选取区域的大小和形状，然后单击鼠标确定对象选取区域，此时对象选取区域内完全包含的所有对象将全部被选中。

与拖动鼠标选取方式相比，使用区域选取工具按钮 ▨ 有两个区别，一是使用区域选取工具按钮 ▨ 在确定选取区域第一个顶点时，该顶点不需要在原理图的空白区域；二是使用区域选取工具按钮 ▨ 在确定选取区域大小和形状时，不需要始终按住鼠标左键。

4.1.2　解除对象的选取状态

当对被选取的对象执行移动、复制、粘贴等操作后，需要解除对象的选中状态以便进行下一步操作。Altium Designer 解除对象选中状态的，具体方法如下。

4.1.2.1　使用鼠标解除图元对象的选中状态

解除单个对象的选中状态。如果想解除个别对象的选中状态，这时只须将鼠标指针移到图元对象上，当鼠标指针形状变为"✛"形后，单击鼠标左键即可解除该图元对象的选中状态。此操作过程不影响其他图元对象的状态。

解除所有图元对象的选中状态。当有多个对象被选中时，如果想一次解除所有对象的选中状态，这时只须在图纸上非选中区域的任意位置单击鼠标即可。需要注意的是，这个方法只有在"参数选择"对话框的"Graphical Editing"选项卡中的"单击清除选项"复选项被选中才有效。

4.1.2.2　使用工具栏按钮 ▨ 解除图元对象的选中状态

单击标准工具栏上的解除选中工具按钮 ▨，图纸上所有处于被选中状态的图元对象都将解除选中状态。

4.1.3　图元对象的剪切、复制、粘贴

Altium Designer 提供了一个剪贴板，最多可存储 24 块内容。该剪贴板可以与 Windows 操作系统的剪贴板共享空间，可方便用户在不同的应用程序之间复制、剪切和粘贴对象。用户可以将 Altium Designer 中的原理图图元复制到 Word 文档和 PowerPoint 报告中，也可以将剪贴板中的其他的内容粘贴到 Altium Designer 的原理图中。图元对象的剪切、复制、粘贴方法具体如下。

4.1.3.1　剪切图元对象

剪切就是将选取的对象直接移入剪贴板中，同时删除电路图上的被选取对象。剪切图元对象的步骤如下：

①在工作区选取需要剪切的图元对象。

②单击标准工具栏上的剪切工具按钮 ，或按 Ctrl + X 快捷键启动剪切命令。

此时，选中的图元对象将被添加到剪贴板中。用户可单击工作区域右侧的"剪贴板"页面标签打开"剪贴板"页面，检查剪贴板。

4.1.3.2　复制图元对象

复制就是将选取的对象复制到剪贴板中，同时还保留原理图上选取的被复制图元对象。复制图元对象的步骤如下：

①在工作区选取需要复制的图元对象。

②单击标准工具栏上的复制工具按钮 ，或按 Ctrl + C 快捷键启动复制命令。此时，选中的图元对象将被添加到剪贴板中。

4.1.3.3　粘贴图元对象

粘贴就是将剪贴板上的内容复制后插入当前文档中。只有在剪贴板中有内容的情况下，粘贴操作才可进行。Altium Designer 提供的剪贴板能容纳 24 块剪贴内容，粘贴最新复制的图元对象的步骤如下：

①单击标准工具栏上的粘贴图标 ，或使用快捷键 Ctrl + V。启动粘贴命令后，鼠标指针变成十字形，且鼠标指针上悬浮着剪贴板中最新的图元对象。

②将鼠标指针移到合适的位置，单击鼠标即可在该处布置粘贴图元对象。

执行粘贴操作时，与布置新的图元方法一样，可以单击空格键旋转鼠标指针上所黏附的对象。单击 X 键左右翻转图元对象，单击 Y 键上下翻转图元对象。

如果用户需要粘贴剪贴板中的其他图元对象时，其操作步骤如下：

①单击工作界面右侧的"剪贴板"页面标签打开如图 4 – 1 所示的"剪贴板"页面。

②在"剪贴板"页面中单击需要粘贴的内容块，将移动鼠标到工作区域，此时鼠标指针变成十字形，上面悬浮着剪贴板中最新的图元对象。

③将鼠标指针移到合适的位置，单击鼠标即可在该处布置粘贴的图元对象。

除了可以在图纸上粘贴原理图的图元对象之外，Altium Designer 能将其他 Windows 程序的图像、文字内容粘贴到原理图中。要实现该功能，需要用到"Smart Paste"（智能粘贴）命令。下面通过一个将 Word 文件的图形文字粘贴到原理图文件的例子，介绍智能粘贴命令的使用方法。

①启动 Word 软件，打开包含需要复制内容的文件，选择需要复制的内容，在 Word 软件中单击标准工具栏上的粘贴图标 ，或使

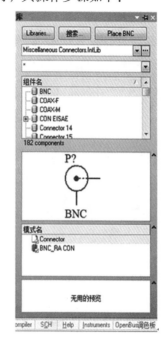

图 4 – 1　"剪贴板"页面

用快捷键 Ctrl + V 将该内容复制到 Windows 的通用剪贴板中。本例中将复制如图 4 – 2 所示的图形和文字。

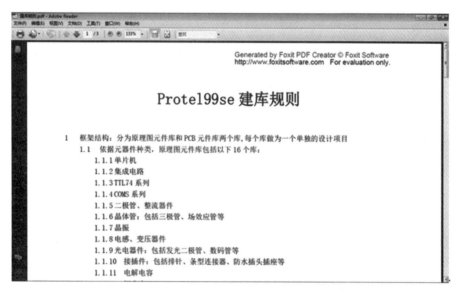

图 4 – 2　复制的图片和文字

②在 Altium Designer 中按快捷键 Shift + Ctrl + V 打开如图 4 – 3 所示的"智能粘贴"对话框。

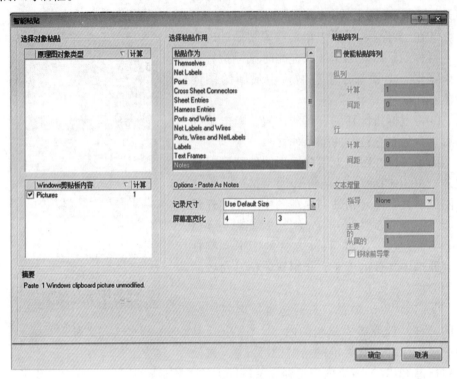

图 4 – 3 "智能粘贴"对话框

③在"智能粘贴"对话框中的"选择粘贴作用"选项区域内，取消"选择对象粘贴"列表中的"Parts"项，勾选"Window 剪贴板内容"列表中的"Pictures"项，单击"确定"按钮。此时鼠标指针变成十字形，上面悬浮着从 Word 中复制的图形和文字。

④将鼠标指针移到合适的位置，单击鼠标即可在该处布置粘贴的图元对象。粘贴图形后的原理图如图 4 – 4 所示。

使用智能粘贴命令，用户还能将网页、PDF 资料等其他程序中的图片文字内容粘贴到原理图文件中。

4.1.3.4　阵列复制

使用 Schematic Editor 中的阵列粘贴功能可按一定阵列方式将被复制对象一次性重复粘贴形成多个拷贝。在需要布置阵列元件，例如布置键盘时，该方法可节省大量时间。其具体操作如下：

①在原理图上添加开关元件"SW – PB"，并设置其标志为"S1"。②选择开关"S1"，然后单击标准工具栏上的复制工具按钮 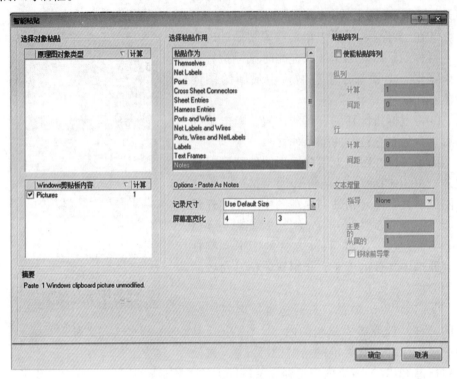，或者按 Ctrl + C 快捷键启动复

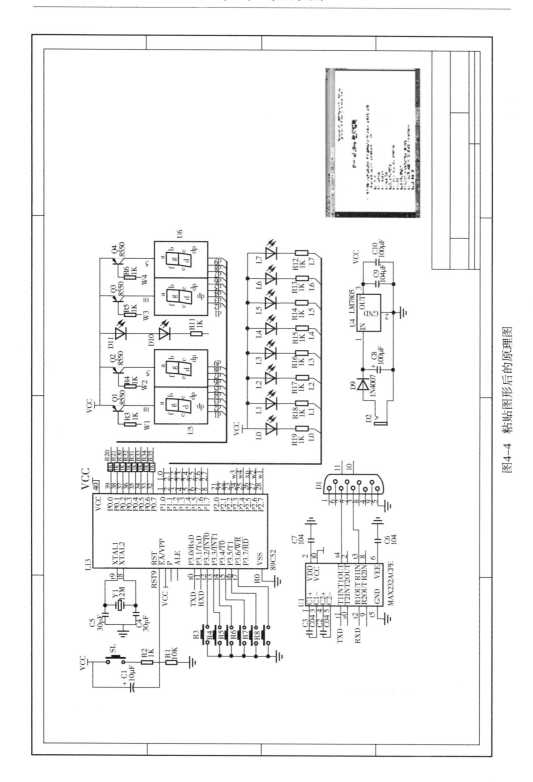

图 4-4　粘贴图形后的原理图

制命令。此时，选中的图元对象将被添加到剪贴板中。

③按快捷键 Shift + Ctrl + V 打开"智能粘贴"对话框。

④在"智能粘贴"对话框中的"选择对象粘贴"选项区域内勾选"原理图对象类型"列表中的"Parts"项，取消"Windows 剪贴板内容"列表中的所有项。

"智能粘贴"对话框中的"粘贴阵列"区域用于设置阵列元件的属性参数。具体各项功能如下：

- "使能粘贴阵列"复选框用来设置是否使用复制阵列。
- "纵列"栏用来设置复制元件阵列的行参数。"计算"编辑框用于设置阵列每行的元件数量，即阵列的列数。"间距"编辑框用于设置阵列元件中每行相邻元件的间距，即列间距：若设置为正数，则元件由左向右排列；若设置为负数，则元件由右向左排列。
- "行"栏用来设置复制元件阵列的列参数。"计算"编辑框用于设置阵列每列的元件数量，即阵列的行数。"间距"编辑框用于设置阵列元件中每列相邻元件的间距，即行间距：若设置为正数，则元件由下向上排列；若设置为负数，则元件由上向下排列。
- "文字增量"栏用于设置阵列中元件编号递增的参数，其中"指导"下拉列表确定元件编号递增的方向，"None"项表示元件编号不递增；"Horizontal First"表示元件编号递增的方向是先水平方向从左向右递增，再竖直方向由下往上递增；"Vertical First"表示先竖直方向由下往上递增，再水平方向从左向右递增。"主要"编辑框用于设置每次递增时，元件主编号的递增数量；"从属"编辑框用于在复制引脚时，设置引脚序号的递增量。这两个编辑框既可以设置为正数（递增），也可以设置为负数（递减）。
- "Vertical"编辑框用来设定两个拷贝之间在垂直方向的偏移量，若为正数，则向上偏移，否则向下偏移。

⑤在"设置粘贴阵列"对话框中设置阵列参数，设置完毕后，单击"确定"按钮。

⑥在"智能粘贴"对话框中的"粘贴阵列"选项区域内勾选"使能粘贴阵列"项，在"纵列"栏中的"计算"编辑框中输入"4"，在"间距"编辑框中输入"80"，在"行"栏中的"计算"编辑框中输入"4"，在"间距"编辑框中输入"-60"，在"文字增量"栏中的"指导"下拉列表中选择"Horizontal First"项，单击"确定"按钮。

⑦移动鼠标指针到原理图上的合适位置，单击鼠标左键即可完成阵列复制，完成复制后的原理图如图 4-5 所示。

复制完成后，原理图中将出现两个编号为"S1"的元件，用户可删除步骤①中布置的那个"S1"开关元件。

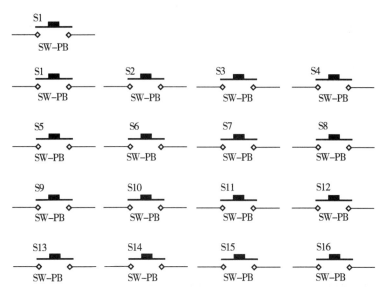

图 4 - 5　完成复制后的原理图

4.1.3.5　直接复制图元对象

Schematic Editor 提供了一种直接复制图元对象到工作区的方式，这就是复制命令。该命令的使用步骤如下：

①在工作区选择需要复制的对象。

②使用快捷键 Ctrl + D 启动直接复制命令。在被选对象右下方创建一个所选对象的复制品。

当创建一个拷贝以后，先前选中图元对象的选中状态将被解除，新创建的复制图元将处于选中状态，同时将对象放到剪贴板。

4.1.3.6　橡皮图章

与直接复制命令相似，使用该功能可以实现一次复制连续多次粘贴的操作。使用该命令前要确认系统参数设置对话框"参数选择"的"Schematic"的"Graphical Editing"选项卡中的"粘贴板参数"复选项被选中。该命令的使用方法如下：

①在工作区选择需要复制的对象将其设置为已选中状态。

②单击标准工具栏上的橡皮图章工具按钮，或使用快捷键 Ctrl + R。此时，被选中的图元对象将被复制，复制后的图元将黏附到鼠标指针上。

③移动鼠标指针到合适位置，单击鼠标左键在鼠标指针单击位置放置一个复制的图元对象。

④重复粘贴操作，在其他位置放置复制的图元对象，图元对象复制结束后单击鼠标右键退出当前状态。

4.1.4　删除图元对象

Schematic Editor 提供两种删除图元的命令，即"清除"和"删除"命令。下面分别介绍如下：

4.1.4.1　"清除"命令

"清除"命令的功能是删除已选取的对象。操作步骤如下：

①选取需要删除的图元对象。

②按键盘的 Del 键删除选中的图元对象。

4.1.4.2　"删除"命令

"删除"命令与"清除"命令之间的区别在于，使用"删除"只是执行一次删除动作，删除选中的图元对象，而使用"清除"命令会将系统转换到删除状态，在该状态下选取的图元对象都将被删除。"删除"命令的操作步骤如下：

①在主菜单中选择"编辑"→"删除"命令。启动"删除"命令后，鼠标指针变成十字形。

②单击选中欲删除的图元对象即可删除该对象。

③重复步骤②继续删除其他欲删除的图元对象，删除完成后单击鼠标右键或者 Esc 键结束"删除"操作。

4.1.5　移动图元对象

Schematic Editor 为用户提供两种移动图元对象的方式，分为"平移"和"层移"两种情况。"平移"指图元对象在同一个平面上移动。"层移"指通过移动图元对象来调整对象间的层次关系。若一个对象将另外一个对象遮盖住的时候，通过"层移"来调整对象间的上下关系。

4.1.5.1　使用"编辑"→"移动"菜单命令

在主菜单"编辑"→"移动"下包含多个移动命令，如图 4 - 6 所示。这些命令的使用方法如下：

(1)"编辑"→"移动"→"拖动"命令

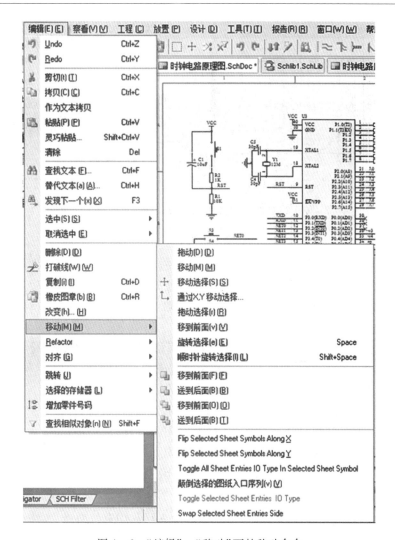

图 4-6　"编辑"→"移动"下的移动命令

该命令主要用来实现对图元对象的拖动，在拖动的过程中会保持图元对象的电器连接状态，系统会自动调节图元对象的连接导线的长度和形状。使用该命令不要求事先选取图元对象。使用该命令时，如果被拖动的图元对象为元件，则元件上的所有连线也会跟着移动，不会断线；如果被拖动的对象为导线，则导线的两个端点的连接状态将保持不变。图 4-7 即为使用"编辑"→"移动"→"拖动"命令移动电子元件"U2"前后的电路。

使用"编辑"→"移动"→"拖动"命令的步骤如下：

①在主窗口中选择"编辑"→"移动"→"拖动"命令，启动"拖动"命令后，鼠标指针变成十字状。

②移动鼠标指针到需要移动的图元对象上，单击鼠标使该图元对象悬浮于鼠

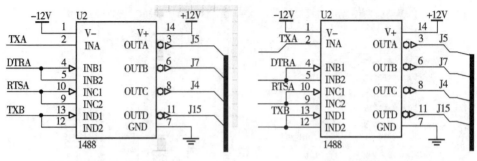

(a) 移动电子元件"U2"前的电路　　　　　(b) 移动电子元件"U2"后的电路

图 4-7　使用"编辑"→"移动"→"拖动"命令移动电子元件"U2"

标指针上。

　　③移动鼠标指针至合适位置，如果有必要，使用 Ctrl + Space 键顺时针旋转图元对象的方向，单击鼠标将图元放置到原理图上。

　　④重复步骤②和③继续移动其他图元对象，完成移动后，单击鼠标右键或者单击 Esc 键结束拖动操作。

　　在移动对象的过程中，使用以下快捷键可以调整图元对象的位置和方向：

　　Ctrl + Space 快捷键可逆时针旋转图元对象的方向。

　　Shift + Ctrl + Space 快捷键可顺时针旋转图元对象的方向。

　　Space 键可切换导线两端的连接模式。

　　X 键可以沿 X 轴方向，即水平方向翻转图元对象。

　　Y 键可以沿 Y 轴方向，即垂直方向反转图元对象。

　　需要注意的是，移动过程中应尽量避免出现如图 4-8 所示的因为导线自动调整不当而错误地将其他引脚短接的现象。

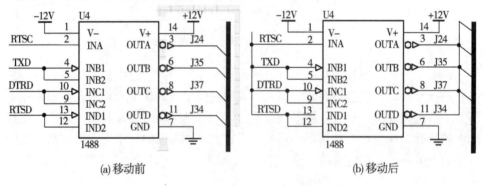

(a) 移动前　　　　　　　　　　　(b) 移动后

图 4-8　导线自动调整不当的情况

　　使用"编辑"→"移动"→"拖动"命令还可以在不变动电路连接性质的情况下调整导线的布置位置。图 4-9 即为使用"编辑"→"移动"→"拖动"命令移动导线布置操作前后的电路图。

86

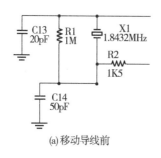 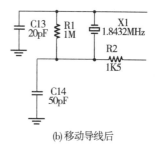

(a) 移动导线前　　　　　　　　　　　　(b) 移动导线后

图 4 - 9　移动导线布置操作前后的电路图

（2）"编辑"→"移动"→"移动"命令

该命令的功能是仅仅移动图元对象，不保持图元对象的电气连接状态。该命令的使用方法与"编辑"→"移动"→"拖动"命令基本相同。不同的是，在移动对象过程中，部分快捷键将发生变化，使用 Space 快捷键可逆时针旋转图元对象，使用 Shift + Space 快捷键可顺时针旋转图元对象，使用 Tab 键可打开图元对象的属性编辑框，修改图元对象属性。

（3）"编辑"→"移动"→"移动选择"命令

该命令用于移动已选择的对象。使用该命令可以一次同步移动多个图元对象，该命令的使用步骤介绍如下：

①按照第 3.1.1 节介绍的方法选择所有需要移动的图元对象。

②在主菜单中选择"编辑"→"移动"→"移动选择"命令，启动该命令后，鼠标指针变为十字形。

③移动鼠标指针在原理图上选择一个参考点，然后单击鼠标左键使被选对象吸附在鼠标指针上。

④移动鼠标指针到目标位置，单击鼠标左键将图元对象重新布置到原理图上。

（4）"编辑"→"移动"→"通过 X，Y 移动选择"命令

该命令用于通过设置 X、Y 轴偏移坐标精确地移动已选择的图元对象。使用该命令前需要选定需要移动的图元对象。其操作步骤如下：

①按照第 3.1.1 节介绍的方法选择所有需要移动的图元对象。

②在主菜单中选择"编辑"→"移动"→"通过 X，Y 移动选择"命令打开如图 4 - 10 所示的"Move Selection by X，Y"对话框。

③在"Move Selection by X，Y"对话框的"X"编辑框中输入 X 轴的偏移

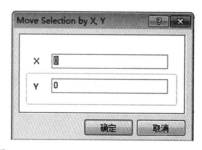

图 4 - 10　"Move Selection by X，Y"对话框

量，输入正数则向右偏移，输入负数则向左偏移；在"Y"编辑框中输入 Y 轴的偏移量，输入正数则向上偏移，输入负数则向下偏移。

④单击"确定"按钮确认输入，所选择的对象将按照输入的数据移动位置。

使用该命令可以突破移动网格的限制，将对象移动到网格之间的位置。

(5)"编辑"→"移动"→"拖动选择"命令

该命令用于拖动已选中的图元对象，在拖动过程中保持选中图元对象的电气连接状态。使用该命令可以一次拖动多个被选对象。"编辑"→"移动"→"拖动选择"命令的使用步骤与"编辑"→"移动"→"移动选择"命令相同。

(6)"编辑"→"移动"→"移到前面 V"命令

该命令用于移动不具电气意义的图元对象，并将其放置到所有对象上方。当多个非电气对象重叠在一起时，使用该命令可以重新安排图元对象的叠放顺序。如果要将图 4 - 11a 所示的文字对象移动到矩形对象的上方，操作步骤如下：

①选择"编辑"→"移动"→"移到前面 V"命令，启动该命令后鼠标指针变为十字形。

②移动鼠标指针到文字对象的上方，单击鼠标左键，文字对象自动移到所有其他图元对象的上方，并被吸附到鼠标指针上。

③移动鼠标指针到合适位置，单击鼠标左键将文字对象放置到矩形对象的上方，如图 4 - 11b 所示，单击鼠标右键或按键盘 ESC 键结束操作。

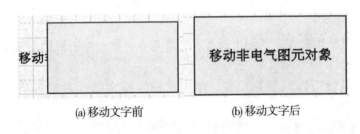

(a) 移动文字前   (b) 移动文字后

图 4 - 11   使用"编辑"→"移动"→"移到前面 V"命令移动文字

(7)"编辑"→"移动"→"旋转选择"命令

该命令用于逆时针旋转选择的图元对象。可以一次旋转多个图元对象。操作步骤如下：

①按照第 3.1.1 节介绍的方法，选择所有需要移动的图元对象。

②在主菜单中选择"编辑"→"移动"→"旋转选择"命令或者单击 Space 快捷键，选择的图元对象将整体逆时针旋转 90°。图 4 - 12 就是选择整个电路后的旋转效果。

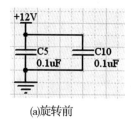 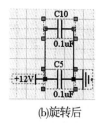

(a)旋转前　　　　　　　　(b)旋转后

图 4-12　使用"编辑"→"移动"→"旋转选择"命令的效果

（8）"编辑"→"移动"→"顺时针旋转选择"命令

该命令用于顺时针旋转选择的图元对象，可以一次旋转多个图元对象，快捷键是 Shift + Space。该命令的使用方法与"编辑"→"移动"→"顺时针旋转选择"命令相同，区别在于旋转的方向相反。

（9）"编辑"→"移动"→"移到前面 F"命令

该命令用于将图元对象设置为最顶层。只适用于不具有电气意义的图元对象。操作方法与"编辑"→"移动"→"移到前面 F"命令类似。启动该命令后，鼠标指针变成十字形，单击要层移的对象，该对象将会被移到其他对象上方。单击鼠标右键，结束该命令。

（10）"编辑"→"移动"→"送到后面 B"命令

该命令只适用于非电气对象的层移，功能与"移到前面"命令刚好相反，会将选择的对象移动到其他图元对象的下方。操作方法则与"编辑"→"移动"→"移到前面 F"命令完全相同。

（11）"编辑"→"移动"→"移到前面 O"命令

该命令只适用于非电气图元对象的层移，其功能是将指定对象层移到某对象的上层。操作方法如下：

①选择"编辑"→"移动"→"移到前面 O"命令，启动该命令后鼠标指针变成十字形。

②单击选择需要层移的图元对象，选择完成后该对象将暂时消失，鼠标指针还是十字形。

③单击选择层移操作的参考对象，单击鼠标，原先暂时消失的需要层移的图元对象重新出现，并且被置于参考对象的上层。

④重复操作②～③对其他对象进行层移操作，当所有操作完成后，单击鼠标右键结束该命令。

（12）"编辑"→"移动"→"送到后面 T"命令

该命令只适用于非电气对象，其功能是将指定对象层移到某对象的下层。操作方法同"移到前面 O"命令。

(13)其他命令

在"编辑"→"移动"菜单下的其他命令用于在多图纸层次设计中移动或调整图纸符号对象的端口位置，本章暂不作详细描述。

4.1.5.2 使用鼠标移动单个图元对象

对于单个图元对象位置的调整，只须将鼠标指针指向待移动的对象（不需要选中），按下鼠标左键不放，将对象拖到目标位置，然后释放鼠标左键即可。

在移动具有电气意义的图元对象（如元件、导线、结点等）的操作中，按下鼠标左键时，鼠标指针会自动滑到图元对象的电气热点上，图元对象的引脚端口处将显示 X 形标记。如果与原理图中的其他图元对象有连接，该 X 形标记将显示为红色；如果该端口处于断开状态，该 X 标记将显示为灰色。

对于不具有电气意义的图元对象（如直线、矩形等），按下鼠标左键时，鼠标指针相对于图元对象的位置不变。

如果希望仅仅移动已具有电气连接的图元对象而不破坏原有的电器连接，可以按住键盘的 Ctrl 键，然后使用鼠标移动图元对象。此时该图元对象的所有电器连接将不会断开，连接导线将自动调整。需要注意的是，移动过程中应尽量避免出现导线自动调整不当，错误地将其他引脚短接的现象。

4.1.5.3 使用鼠标移动选中对象

如果想一次移动多个对象，可执行以下操作：

①使用 3.1.1 节介绍的方法选择所有需要移动的图元对象。

②将鼠标指针移到任意一个被选中的图元对象上方，当鼠标指针变为"✛"形后，按住鼠标左键将对象拖到目标位置，然后释放鼠标左键即可。

如果在移动对象个过程中按住键盘的 Ctrl 键，所有选中的图元对象的电气连接将不会断开，系统会自动调整走线。在这种情况下仍然要注意，防止出现导线自动调整不当，错误地将其他引脚短接的现象。

4.1.5.4 使用标准工具栏上的移动工具按钮 ✛ 移动图元对象

移动工具按钮 ✛ 的功能与"编辑"→"移动"→"移动选择"命令功能完全相同。操作步骤如下：

①选取需要移动的图元对象。

②单击标准工具栏上的移动工具按钮 ✛ 。启动该命令后，鼠标指针变为十字形。

③移动鼠标指针选择一个参考点，然后单击鼠标左键使被选对象吸附在鼠标指针上。

④移动鼠标指针到目标位置，单击鼠标左键将图元对象重新布置到原理图上。

4.1.6　对象的排列与对齐

为方便用户布置图元对象，Schematic Editor 提供了一系列排列与对齐功能。用户可以通过如图 4 – 13 所示的"编辑"→"对齐"菜单启动排列与对齐命令，或者使用如图 4 – 14 所示的"实用"工具栏中的对齐工具栏，排列对齐所选择的对象。其具体操作介绍如下：

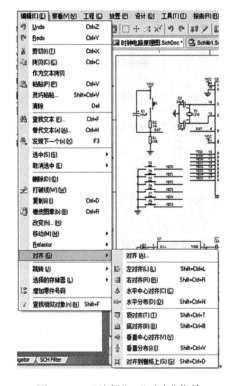

图 4 – 13　"编辑"→"对齐"菜单

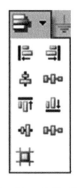

图 4 – 14　对齐工具栏

4.1.6.1　左对齐

将一组图元对象的左侧边沿对齐的操作步骤如下：

①按照 3.1.1 节介绍的方法，选中所有需要左对齐的图元对象。

②单击"实用"工具栏中的对齐工具按钮 ，在弹出的工具栏中选择左对齐工具按钮 ，或者使用 Shift + Ctrl + L 快捷键就可以使所选择的所有图元对象左侧边缘对齐于最靠左侧的图元对象的左侧边缘。

图 4 – 15 即为执行左对齐前后的原理图，其中第一个选中的是"R1"。

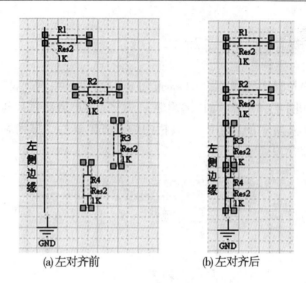

(a)左对齐前　　　　(b)左对齐后

图 4 - 15　执行左对齐前后的原理图

4.1.6.2　右对齐

将一组图元对象的右侧边沿与其中最靠右侧的对象右侧边沿对齐的操作步骤如下：

①使用 3.1.1 节介绍的方法，选择所有需要右对齐的图元对象。

②单击"实用"工具栏中的对齐工具按钮 ▤ ，在弹出的工具栏中选择右对齐工具按钮 ▤ ，或使用 Shift + Ctrl + R 快捷键就可以使所选择的所有图元对象右侧边缘对齐于所有选择的图元对象中最靠右侧的图元对象的右侧边缘。

图 4 - 16 即为执行右对齐前后的原理图，在对齐之前，最右侧的图元对象是"R3"。完成右对齐操作后，其他图元对象的右侧边缘都与"R3"的右侧边缘对齐了。

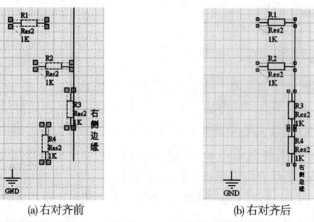

(a)右对齐前　　　　(b)右对齐后

图 4 - 16　执行右对齐前后的原理图

4.1.6.3　垂直居中对齐

将一组图元对象的垂直中心线对齐的操作步骤如下：

①使用 3.1.1 节介绍的方法，选中所有需要垂直居中对齐的图元对象。

②单击"实用"工具栏中的对齐工具按钮 ，在弹出的工具栏中选择垂直居中对齐工具按钮 就可以使所选图元对象的垂直中心线都对齐于所选图元对象整体的垂直中心线。

图 4 - 17 即为执行垂直居中对齐前后的原理图，所有选中的图元对象的垂直中心线与所选对象整体的垂直中心线对齐。这里的所选对象整体的垂直中心线是指与选中对象的最左侧边缘和最右侧边缘等距的线。

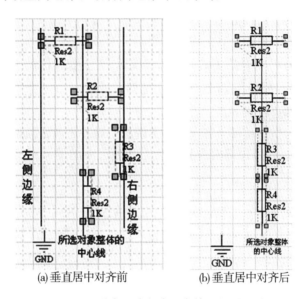

(a) 垂直居中对齐前　　　　(b) 垂直居中对齐后

图 4 - 17　执行垂直居中对齐前后的原理图

4.1.6.4　水平等间距排列

将一组对象水平方向上等间距排列的操作步骤如下：

①使用 3.1.1 节介绍的方法，选中所有需要水平等间距排列的图元对象。

②单击"实用"工具栏中的对齐工具按钮 ，在弹出的工具栏中选择水平等间距排列工具按钮 ，或使用 Shift + Ctrl + H 快捷键就可以使所选图元对象在水平方向上等间距排列。

图 4 - 18 即为执行水平方向等间距排列前后的原理图。

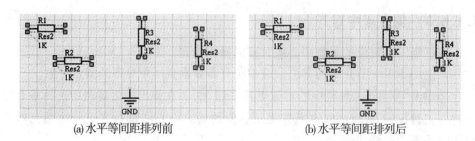

(a)水平等间距排列前　　　　　　　　(b)水平等间距排列后

图 4-18　执行水平等间距排列前后的原理图

4.1.6.5　顶部对齐

将一组图元对象的顶部边缘对齐的操作步骤如下：

①选中所有需要顶部对齐的图元对象。

②单击"Utilities"工具栏中的对齐工具按钮 ，在弹出的工具栏中选择顶部对齐工具按钮 ，或使用 Ctrl + T 快捷键即可使所选图元对象顶部边缘与最高的图元对象的顶部边缘对齐。

图 4-19 即为执行顶部对齐前后的原理图。对齐之前，顶部边缘位置最高的图元对象是"R3"，经过顶部对齐操作后，其他选中的图元对象的顶部边缘都与"R3"的顶部边缘对齐。

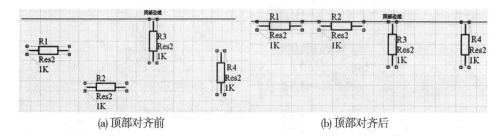

(a)顶部对齐前　　　　　　　　　(b)顶部对齐后

图 4-19　执行顶部对齐前后的原理图

4.1.6.6　底部对齐

将一组图元对象的底部边缘对齐的操作步骤如下：

①选中所有需要底部对齐的图元对象。

②单击"实用"工具栏中的对齐工具按钮 ，在弹出的工具栏中选择底部对齐工具按钮 ，或使用 Ctrl + B 快捷键即可使所选图元对象的底部边缘与处于最底端的图元对象底部边缘对齐。

图 4-20 即为执行底部对齐前后的原理图。对齐之前，底部边缘位置最低的图元对象是"R4"，经过底部对齐操作后，其他选中的图元对象的底部边缘都与

"R4"的底部边缘对齐。

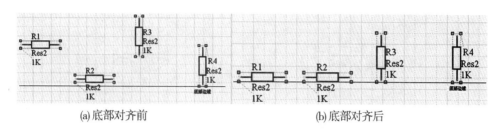

(a) 底部对齐前　　　　　　　　　　　　(b) 底部对齐后

图 4 – 20　底部对齐前后的原理图

4.1.6.7　水平居中对齐

若需要将一系列图元对象在水平方向按照水平中心线对齐，操作步骤如下：

① 选中所有需要水平居中对齐的图元对象。

② 单击"实用"工具栏中的对齐工具按钮 ▤，在弹出的工具栏中选择水平居中对齐工具按钮 ▥ 即可使所选图元对象水平居中对齐于所选对象整体的水平中心线。

图 4 – 21 即为执行水平居中对齐前后的原理图。

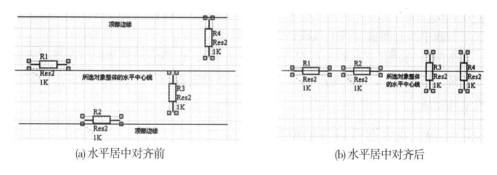

(a) 水平居中对齐前　　　　　　　　　　(b) 水平居中对齐后

图 4 – 21　水平居中对齐前后的原理图

4.1.6.8　垂直等间距排列

若要将一系列的图元对象在垂直方向等间距排列，操作步骤如下：

① 选中所有需要在垂直方向等间距排列的图元对象。

② 单击"实用"工具栏中的对齐工具按钮 ▤，在弹出的工具栏中选择垂直等间距排列工具按钮 ▥，或使用 Shift + Ctrl + V 快捷键即可使所选图元对象在竖直方向等间距排列。

图 4 – 22 即为执行垂直方向等间距排列前后的原理图。

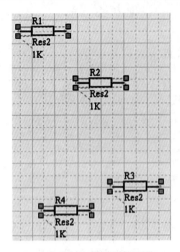 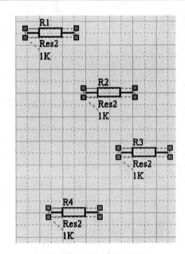

(a)垂直方向等间距排列前   (b)垂直方向等间距排列后

图 4-22   垂直方向等间距排列前后的原理图

4.1.6.9   对齐电气栅格

为了加快原理图绘制的效率，系统提供了对齐电气栅格功能。如果所有图元对象都能对齐电气栅格，用户在连线的时候将会十分方便，同时原理图也会比较整齐美观。要将未对齐的图元对象对齐电气栅格，可进行以下操作：

①选中所有需要对齐电气栅格的图元对象。

②单击"实用"工具栏中的对齐工具按钮 ，在弹出的工具栏中选择对齐电气栅格工具按钮 ，或使用 Shift + Ctrl + D 快捷键即可使所选图元对象对齐最近的电气栅格。

4.1.6.10   复合对齐命令的使用

使用复合对齐命令可以同时实现水平和垂直两个方向上的排列，步骤如下：

①选中所有需要再排列的图元对象。

②在主菜单中选择"编辑"→"对齐"→"对齐"命令打开如图 4-23 所示的"排列对象"对话框。

"选项"对话框中的各个选项的含义如下：

"水平排列"选项区域用来设置对象的水平对齐选项。其中：

- "不改变"选项表示水平方向上保持原状。
- "居左"选项表示左对齐。
- "居中"选项表示水平居中对齐。
- "居右"选项表示右对齐。

图 4-23   "排列对象"对话框

- "平均分布"选项表示水平方向等间距排列。
  "垂直排列"选项区域用来设置对象的垂直对齐选项。
- "不改变"选项表示垂直方向上保持原状。
- "置顶"选项表示顶部对齐。
- "居中"选项表示竖直方向居中对齐。
- "置底"选项表示底部对齐。
- "平均分布"选项表示竖直方向等间距排列。

"按栅格移动"复选项用于设置对齐时将所选对象对齐到电气栅格上,便于线路的连接。

③在"排列对象"对话框中选择水平方向和垂直方向需要进行的对齐操作,单击"确定"按钮即可按照用户设置完成所需的对齐操作。

4.1.7　图元对象的组合

在对图元对象进行操作时,如果将部分图元对象当作一个整体来处理,将会给编辑操作带来很大的方便。本节将介绍将多个图元对象组合成一个组合体的操作步骤。

①选择需要组合的所有图元对象。

②单击鼠标右键,在弹出的菜单中选择"联合"→"从选中的器件生成联合"命令,如图 4 – 24 所示。

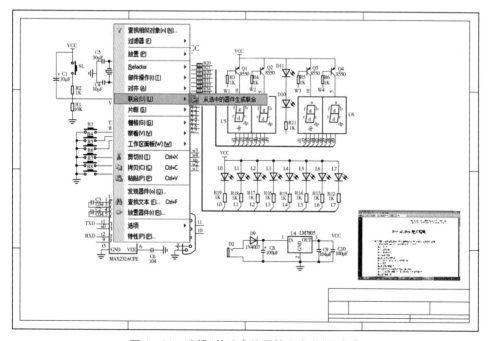

图 4 – 24　选择"从选中的器件生成联合"命令

系统显示如图 4 – 25 所示的
"Information"消息框，提示已经将对
象添加到组合体中。

③单击"Information"消息框中的
"OK"按钮关闭该消息框。

至此，所选择的那些图元对象就
被组合起来，当直接用鼠标拖动组合

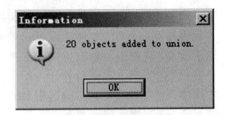

图 4 – 25　"Information"消息框

中的任一个图元对象时，组合中的所有图元对象将会一起拖动。当选中组合中的
图元对象后，仍然可以对所选择对象进行单独编辑而不会影响到其他图元对象。

当需要重新选择组合中的所有图元对象时，只需要选择右键菜单中的"联
合"→"选择所有的联合"命令即可选中组合中的所有图元对象，选择右键菜单中
的"联合"→"取消所有选中的联合"命令即可取消组合中的所有图元对象的选中
状态，选择右键菜单中的"联合"→"从联合打碎器件"命令就会解除图元对象的
组合。

4.1.8　电路连线的编辑

原理图的编辑操作往往要对连线进行重新调整，改变连线的长度和形状。本
节将通过一个实例介绍电路连线的编辑方法。该实例要完成的任务是在图 4 – 26
中添加一个电阻的电路修改操作。

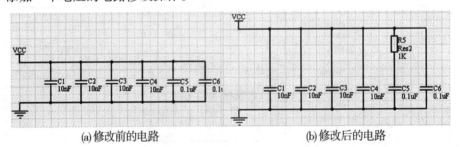

(a) 修改前的电路　　　　　　　　　(b) 修改后的电路

图 4 – 26　添加电阻 R5 的电路修改

具体的操作步骤如下：

①单击电路最上方的水平导线将其选中，如图 4 – 27 所示。

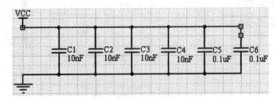

图 4 – 27　选中电路上方的水平导线

②移动鼠标到已选中的导线的水平段，当鼠标指针变为✛形后，按住鼠标左键并向上拖动鼠标将导线的水平段向上拖动到如图 4-28 所示的位置，释放鼠标左键。

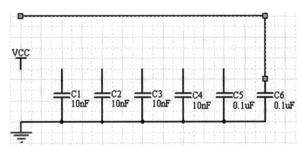

图 4-28　拖动水平导线后的原理图

③在电容"C5"的上方竖直布置电阻 R5，并使 R5 的上端与水平导线连接，如图 4-29 所示。

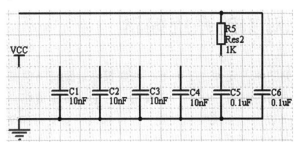

图 4-29　布置电阻 R5 后的电路图

④单击 C5 上端的导线将其选中，移动鼠标到选中导线的上端点，当鼠标变为"↖"形时，按住鼠标左键向上拖动鼠标将导线上端与电阻 R5 下端接点连接起来，如图 4-30 所示。

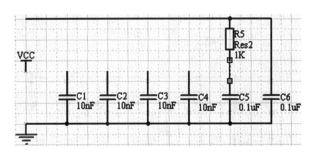

图 4-30　调整导线后的电路图

⑤选中电容 C1 ～ C4 上方的四根导线，移动鼠标到任何一根选中导线的上端点，当鼠标变为"↖"形时，按住鼠标左键向上拖动鼠标使该导线与水平导线连

接起来，释放鼠标左键，此时其他三根选中的导线也会自动延长，与水平导线相连，如图 4 - 31 所示。

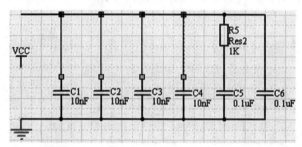

图 4 - 31　导线自动延长与水平导线连接

⑥移动"VCC"电源标志使其连接到水平导线左端，完成电路图的修改，结果如图 4 - 26b 所示。

4.2　图元对象的系统编辑

在复杂的电路图中，元件成千上万，如果想要对原理图中某一种特定的元件进行调整，使用普通的编辑方法——选取图元对象需要花费相当长的时间，如果使用 Altium Design 提供的系统编辑功能，这种修改将会变得非常容易。本节将介绍在 Altium Design 中进行系统编辑的方法。

4.2.1　查找并批量修改图元对象

如果需要查找原理图文件中满足一定约束条件的所有图元对象，可以使用"查找相似对象"命令。本小节将通过一个实例介绍"查找相似对象"命令的使用方法，实例的任务是查找并选中如图 4 - 32 所示的原理图中所有阻值为 1kΩ 的电阻元件，然后将其阻值改为 10kΩ。

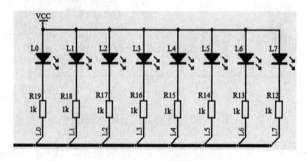

图 4 - 32　原理图

①在主菜单中选择"编辑"→"查找相似对象"命令，或使用快捷键 Shift + F，然后在原理图中用鼠标单击任意一个阻值为 $1k\Omega$ 的电阻元件打开如图 4 – 33 所示的"发现相似目标"对话框。

图 4 – 33　"发现相似目标"对话框

②在"发现相似目标"对话框中的"Object Specific"区域内，单击"Part Comment"栏最右侧的下拉列表框，在弹出的列表中选择"Same"项，勾选"选择匹配"复选项，然后单击"确定"按钮，如图 4 – 34 所示。

图 4 - 34　匹配目标条件

系统自动选中原理图中所有阻值为 $1k\Omega$ 的电阻元件，并且使用蒙板将其他图元对象遮住，显示效果如图 4 - 35 所示。

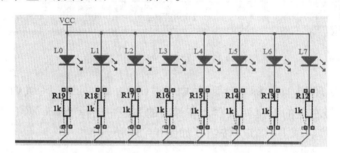

图 4 - 35　执行"发现相似目标"命令后的原理图

通过设置"发现相似目标"对话框中的选项，用户还可以查找具有其他共同属性的同类图元对象。"发现相似目标"对话框中各栏的意义如下：

- "Object Kind"区域显示当前对象的类别(元件、导线或其他对象)。
- "Design"区域中的"Owner Document"栏显示当前对象所处的文档的完整目录。
- "Graphical"区域用于设定对象的图形显示参数。
- "Xl""Y1"表示图元对象在原理图上的坐标。
- "Orientation"表示图元对象的方向,即被旋转的角度。
- "Mirrored"表示图元对象是否被镜像。
- "Display Mode"表示图元对象的显示模式。
- "Show Hidden Pins"表示图元对象是否显示被隐藏的引脚。
- "Show Designator"表示图元对象是否显示元件编号等。
- "Object Specific"区域用来设定待查找的对象的详细描述。
- "Description"表示图元对象的描述名称。
- "Lock Designator"表示图元对象是否锁定元件编号。
- "PinsLocked"表示图元对象是否锁定引脚。
- "FileName"表示图元对象的文件名。
- "Configuration"表示图元对象的一些配置。
- "Library"表示图元对象元件所在库文件名。
- "Library Reference"表示图元对象在库文件内的参考元件名。
- "Component Designator"表示图元对象的元件编号。
- "Current Part"表示图元对象的当前组件。
- "Part Comment"表示图元对象的组件注释。
- "Current Footprint"表示图元对象的封装形式。
- "Component Yype"表示图元对象的元件类型。
- "Database Table Name"表示图元对象所在数据库表单的名称。

以上参数都可以当作搜索的条件,在对应选项右侧的下拉列表中设定,查找对象的详细参数要求是"Same""Different"或"Any":

- "Same"表示要求待查找的图元对象的属性与对应栏中设置的属性相同;
- "Different"表示要求待查找的图元对象的属性与对应栏中设置的属性必须不相同;
- "Any"表示对待查找的图元对象该项属性不作要求,可为任意值。
- "缩放匹配"复选项设定是否将条件相匹配的对象以最大显示模式居中显示在原理图编辑窗口内。
- "掩膜匹配"复选项设定是否在显示条件相匹配的对象的同时,使用蒙板遮住其他对象。
- "清除现有"复选项设定是否清除已存在的过滤条件。系统默认选中该项。
- "创建语法"复选项设定是否自动创建一个表达式,以便以后再用。系统默

103

认为不创建。

- "运行监测仪"复选项设定是否自动打开"Inspector"对话框。
- "选择匹配"复选项设定是否将符合匹配条件的对象选中。
- "选择相似目标"对话框右下方的下拉列表用于设置搜索的范围。共有两个选项，其中"Current Document"项表示在当前的原理图文件中查找；"Opened Document"项表示在所有已打开的原理图文件中查找。

由于在"选择相似目标"对话框中选择了"运行监测仪"复选项，所以在选择所有阻值为"1k"的电阻元件后，系统打开如图 4-36 所示的"SCH Inspector"面板。

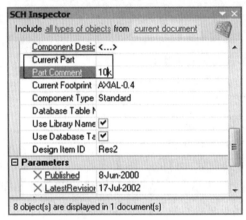

图 4-36 "SCH Inspector"页面

③在"SCH Inspector"页面内单击"Part Comment"编框，将其改为"10k"，其他参数保持不变，最后单击回车键即可将更改应用到搜索到的所有电阻。更改后的结果如图 4-37 所示。

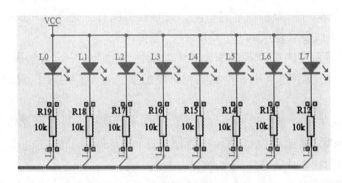

图 4-37 全局修改后的电路图

④关闭"SCH Inspector"面板，单击工作区右下方的"清除"按钮解除图元对象的选中状态，同时取消电路的蒙版。

4.2.2 "Navigator"面板

对于已经编译过的原理图文件，用户还可以使用"Navigator"面板选取其中的图元对象进行编辑。图 4 – 38 就是一个原理图文件的"Navigator"面板。

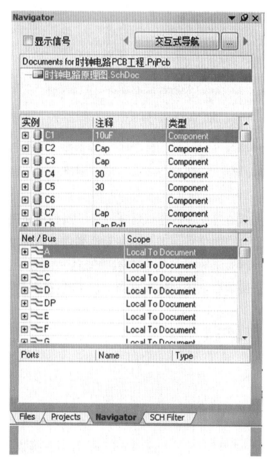

图 4 – 38 "Navigator"面板

在该面板上部是该项目所包含的原理图文件的列表，本例中只有一个单独的原理图文件。

在该面板中部是元件表，列出了原理图文件中的所有元件信息。如果用户需要选择任何一个元件进行修改，可以单击元件列表中的对应元件编号即可在工作区选中放大显示该元件，且其他元件将被自动蒙板盖住。图 4 – 39 就是在"Navigator"面板的元件列表中选择了编号为"C1"的电容后工作区的显示情况。

采用这种方法，就能很快地在元件众多的原理图中定位某个元件。

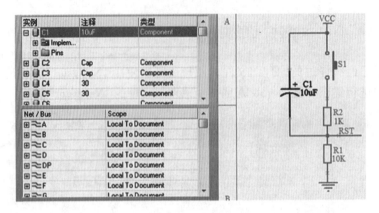

图 4-39　在"Navigator"面板中选择编号为"C1"的电容

　　在元件表的下方是网络连线表，显示所有网络连线的名称和应用的范围，单击任何一个网络名称，在工作区都会放大显示该网络连线，并且使用自动蒙板将其他图元对象盖住。

　　在"Navigator"面板的最下方是端口列表，显示当前所选对象的端口，默认为图纸上的输入、输出端口的信息。当用户在元件列表或者网络连线列表中选择一个对象时，端口列表将显示该对象的引脚端口信息。单击端口列表中的端口时，工作区将会放大显示该端口，并且使用自动蒙板将其他图元对象盖住。

4.2.3　选择存储器

　　在进行原理图编辑时，首先要选择元件。在元件众多的原理图中选择需要编辑的元件有时候并不是一件很轻松的事。当需要一次又一次重复选取某一组图元对象时，用户可以使用选择存储器将一组图元对象的选择状态存储到选择存储器中，需要的时候自动调用即可。Altium Designer 为用户提供了 8 个选择存储器，可以存储 8 个选择状态。使用选择存储器的步骤如下：

　　①在工作区域选择所需要的图元对象。本例选择如图 4-40 所示的电路图中编号为"U6"和"U9"的元件。

　　②单击工作区域右下方的 $\boxed{8 \blacktriangleright \triangledown}$ 按钮，打开如图 4-41 所示的"选择内存"面板。

　　③单击"选择内存"面板中的"STO1"按钮即可将工作区中的选择状态存储到第 1 组存储空间中，此时存储空间状态列表中的第一行将显示该存储空间的内容信息。本例中显示"2 Parts in 1 document"表示在一个文件中有 2 个图元对象被选中。

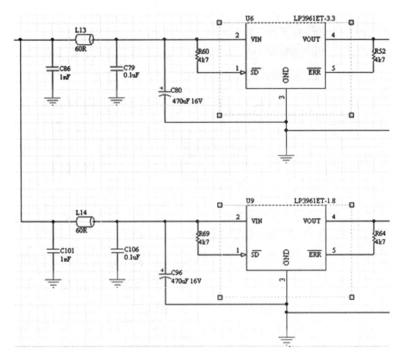

图 4 - 40　选择的元件

图 4 - 41　"选择内存"面板

如果单击其他的"STO"按钮，将把当前工作区中的图元对象选择状态存储到对应的存储空间中，例如单击"STO5"按钮会把当前工作区中的图元对象选择状态存储到第 5 号存储空间中。

④在工作区任意位置单击，关闭"选择内存"面板。

当需要重新恢复选择状态时，只需要执行以下步骤：

①单击工作区域右下方的 按钮打开"选择内存"面板。

②单击"RCL1"按钮，则该第 1 组存储空间内存储的选择状态就应用于工作区，此时工作区中编号为"U6"和"U9"的元件被选中。

如果单击第 1 组存储空间对应的"应用"按钮，工作区内编号为"U6"和"U9"的元件被放大显示，且其他元件被自动蒙板挡住，如图 4 – 42 所示。

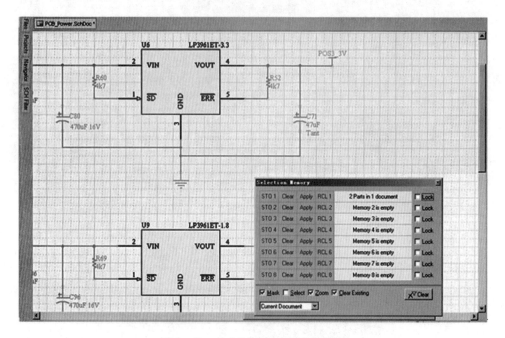

图 4 – 42　单击"应用"按钮后的效果

这是因为"选择内存"面板下方的"面具""缩放"和"清除现有的"复选项被选中，单击"应用"按钮后才会应用蒙板、自动调节放大显示比例、清除其他的选择状态。如果勾选了"选择"项，当单击"应用"按钮后还会将存储的图元对象转入选中状态。

单击"选择内存"面板中的存储空间对应的"清除"按钮将会清空该存储空间的内容，如果单击"选择清除"面板右下方的 $\boxed{\text{×√清除}}$ 按钮将会清空所有存储空间的内容。

4.3　编辑元件编号

在放置元件的过程中，由于疏忽等原因，经常会出现元件编号遗漏、重复、跳号等现象，此时就需要对已放置的元件进行编号编辑。

4.3.1 元件编号的手动编辑

如果在"参数选择"对话框的"Schematic"选项卡下"General"内勾选"使能 In – Place编辑"复选项，也可以直接在原理图编辑窗口内修改元件编号，步骤如下：

①选择需要编辑标号的元件的编号文本使其处于选中状态。本例选择如图 4 –43 所示编号为"JP2"的接头元件。

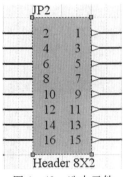

图 4 –43 选中元件

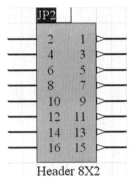

图 4 –44 高亮显示元件编号文本

②单击已选中元件的编号文本使其变为高亮状态，如图 4 –44 所示，然后输入新的元件编号，修改完毕后在任意位置单击鼠标确认。

该方法同样适用于除文本框以外的其他所有图元对象中的文本修改，如元件编号、元件参数值、注释、网络标签、文本字符串。

另外，也可以在元件的属性对话框中修改元件的编号，步骤如下：

①选中需要修改编号的元件，按鼠标右键，选择"特性"打开如图 4 –45 所示的"组件 道具"对话框。

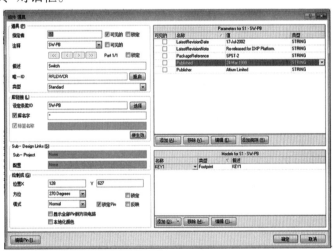

图 4 –45 "组件 道具"对话框

109

②在"组件 道具"对话框中的"指定者"编辑框中输入新的元件编号，然后单击"确定"按钮完成元件编号的修改。

4.3.2　元件自动编号

除了手工对元件进行编号之外，Altium Designer 为用户提供了元件自动编号功能，当电路比较复杂、元件数目较多时，自动编号可以大大提高编号的效率，避免出现重复编号、跳号等错误。自动编号的操作步骤如下：

①在主菜单里选择"工具"→"注解"命令，打开如图 4 – 46 所示的"注释"对话框。

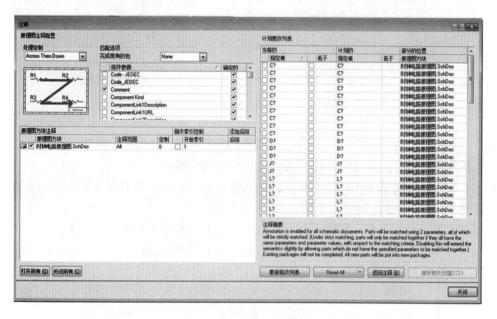

图 4 – 46　"注释"对话框

在"注释"对话框中可以设置元件自动编号的规则及编号的范围等。"注释"对话框左侧是"原理图注释配置"区域，用于设置元件编号的顺序及其匹配条件；右侧的"计划更改列表"用于显示新旧元件编号的对照关系。具体如下：

"处理定制"选项区域用于设置自动编号的顺序。该区域内包含一个下拉列表和一个显示编号顺序的示意图。下拉列表共有 4 个选项，分别介绍如下：

- "up then across"单选项表示根据元件在原理图上的位置，先按由下至上，再按由左至右的顺序自动递增编号，如图 4 – 47a 所示。
- "Down then across"单选项表示根据元件在原理图上的位置，先按由上至下，再按由左至右的顺序自动递增编号，如图 4 – 47b 所示。
- "Across then up"单选项表示根据元件在原理图上排列的位置，先按由左至右，再按由下至上的顺序自动递增编号，如图 4 - 47c 所示。
- "Across then down"单选项表示根据元件在原理图上排列的位置，先按由左至右，再按由上至下的顺序自动递增编号，如图 4 - 47d 所示。系统默认选择此项。

以上四种编号顺序如图 4 - 47 所示。

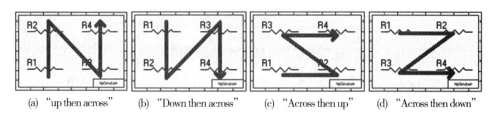

(a) "up then across"   (b) "Down then across"   (c) "Across then up"   (d) "Across then down"

图 4 - 47   四种编号顺序示意

"匹配选项"选项区域用于设置查找需要自动编号的对象的范围和条件。其中"完成现有的包"下拉列表用来设置需要自动编号的作用范围，该列表有三个选项，介绍如下：
- "None"表示无设定范围。
- "Per sheet"表示范围是单张图纸文件。
- "Whole Project"表示范围是整个项目。

在下拉列表下方是一个表格，用于选择自动编号对象的匹配参数。系统要求至少选择一个参数，默认值为"Comment"。

"原理图方块注释"区域用来选择要进行自动编号的一些参数，包括执行自动编号操作的图纸、自动编号的起始下标及后缀字符。

"原理图方块"栏列出所有待选的图纸文件，勾选"原理图方块"栏中对应图纸名称前的复选框即可选中该图纸。单击"打开所有"按钮表示选中所有文档；单击"关闭所有"按钮表示不选择任何文档。系统要求至少要选中一个文件。

"注释范围"栏用于设置每个文件中参与自动编号的元件范围。该栏共有三个选项，分别是"All""Ignore Selected Parts"和"Only Selected Parts"。"All"表示对原理图中的所有元件都进行自动编号，"Ignore Selected Parts"项表示对除选中的原件外的其他元件进行自动编号，"Only Selected Parts"项表示仅仅对选中的元件进行自动编号。

"指示索引控制"项用来设置使用编号索引控制。当勾选该复选项时，可以在"开始索引"下面的输入栏内输入编号的起始下标。

"添加后缀"项用于设定元件编号的后缀。在该项中输入的字符将作为编号后缀添加到编号后面。在对多通道电路进行设计时，可以用后缀区别各个通道的对应元件。

"Reset All"按钮用来复位编号列表中的所有自动编号。单击"Reset All"按

111

钮，系统弹出如图 4 - 48 所示的"Information"消息框，单击"OK"按钮即可使"计划更改列表"中"计划的"列中的自动元件编号都以问号结束，如图 4 - 49 所示。

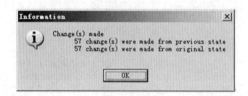

图 4 - 48 "Information"消息框

计划更改列表

当前的			计划的		部分的位置	
指定者	✓	低于	指定者	低于	原理图方块	
□ C?	□		C?		时钟电路原理图.SchDoc	
□ C?	□		C?		时钟电路原理图.SchDoc	
□ C?	□		C?		时钟电路原理图.SchDoc	
□ C?	□		C?		时钟电路原理图.SchDoc	
□ C?	□		C?		时钟电路原理图.SchDoc	
□ C?	□		C?		时钟电路原理图.SchDoc	
□ C?	□		C?		时钟电路原理图.SchDoc	
□ C?	□		C?		时钟电路原理图.SchDoc	
□ C?	□		C?		时钟电路原理图.SchDoc	
□ D?	□		D?		时钟电路原理图.SchDoc	
□ D?	□		D?		时钟电路原理图.SchDoc	
□ D?	□		D?		时钟电路原理图.SchDoc	
□ J?	□		J?		时钟电路原理图.SchDoc	
□ J?	□		J?		时钟电路原理图.SchDoc	
□ L?	□		L?		时钟电路原理图.SchDoc	
□ L?	□		L?		时钟电路原理图.SchDoc	
□ L?	□		L?		时钟电路原理图.SchDoc	
□ L?	□		L?		时钟电路原理图.SchDoc	
□ L?	□		L?		时钟电路原理图.SchDoc	

注释摘要
Annotation is enabled for all schematic documents. Parts will be matched using 2 parameters, all of which will be strictly matched. (Under strict matching, parts will only be matched together if they all have the same parameters and parameter values, with respect to the matching criteria. Disabling this will extend the semantics slightly by allowing parts which do not have the specified parameters to be matched together.) Existing packages will not be completed. All new parts will be put into new packages.

更新修改列表   Reset All   返回注释(B)   接受更改(创建ECO)

关闭

图 4 - 49 复位后的"计划更改列表"

"更新修改列表"按钮用于按照设置的自动编号参数更新自动编号列表。当对自动编号的设置进行改变后，需要单击该按钮对自动编号列表进行重新更新。

"返回注释"按钮用于导入 PCB 中已有的编号文件使原理图的自动编号与对应的 PCB 图同步。当单击该按钮后会打开如图 4 - 50 所示的"Choose WAS - IS

File for Back – Annotation from PCB"对话框,在对话框中选择对应的"ECO"或"WAS – IS"文件,单击"OK"按钮即可将该文件中的编号信息导入自动编号列表。

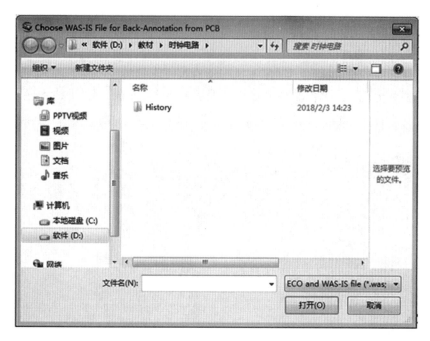

图 4 – 50 "Choose WAS – IS File for Back – Annotation from PCB"对话框

"接受更改(创建 ECO)"按钮用于执行自动编号操作。

②在"注释"对话框中设置元件自动编号规则,单击"接受更改(创建 ECO)"按钮打开如图 4 – 51 所示的"工程上改变清单"对话框。

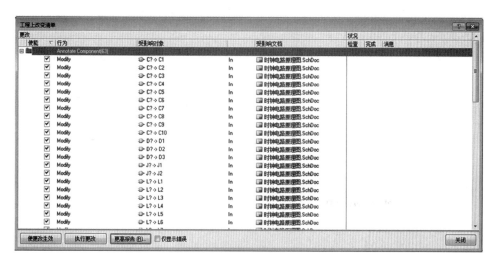

图 4 – 51 "工程上改变清单"对话框

"工程上改变清单"对话框中列出了所有的更改操作列表，用户可以根据需要决定哪些更改需要执行。如果不需要执行某一项更改，只要取消该项更改前的复选框即可。

③单击"使更改生效"按钮检查所有的改变是否有效。当检查通过后，在每一项更改后的"检查"栏将出现一个绿色的"√"标记。当所有的改变经过验证是正确的以后，单击"执行更改"按钮执行所有改变。执行完成后，每项更改后的"完成"栏将出现一个绿色的"√"标记，表示更改已经完成，如图 4 –52 所示。

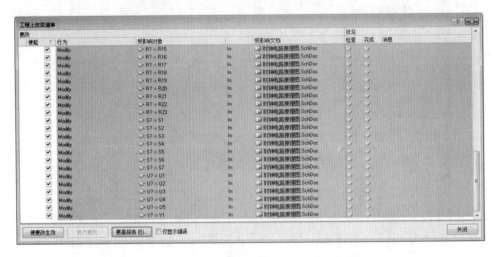

图 4 –52　检查、执行完成后的"工程上改变清单"对话框

④单击"更高报告"按钮，打开如图 4 –53 所示的"报告预览"窗口。

⑤单击"输出"按钮打开"Export From Project[…]"对话框，设置报告的文件名，在保存类型中选择"Adobe PDF"，单击"保存"按钮将更新报告保存为 PDF 文件。

⑥单击"关闭"按钮关闭"Report Preview"窗口，单击"工程上改变清单"对话框中的"关闭"按钮关闭该对话框，并返回到"注释"对话框。

⑦最后在"注释"对话框内单击"关闭"按钮完成元件编号的自动更改。

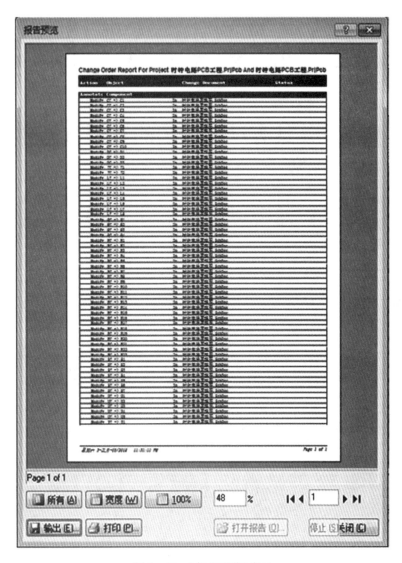

图 4 – 53　"报告预览"窗口

第5章 原理图设计实例

5.1 实例1：具有过流保护的直流可调稳压电源

本节将通过一个完整的原理图设计实例，使读者进一步了解电路原理图的设计过程。实例中将完成一个"具有过流保护的直流可调稳压电源"的设计。最终完成的电路原理图如图5-1所示。

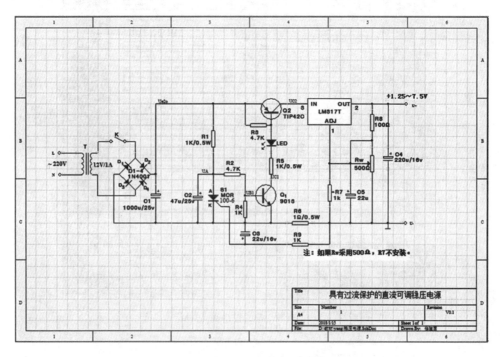

图5-1　具有过流保护的直流可调稳压电源

5.1.1　新建项目文档

在进行原理图设计之前需要新建一个设计工作区和一个PCB项目文档。新建项目文档名称最好能体现文件属性，譬如原理图文件命名为"***原理图.SchDoc"，工程文件命名为"***PCB工程.PCBPrj"，设计工作区文件命名为"***设计工

116

作区. DsnWrk"等。具体步骤如下：

①建立一个工程设计的文件夹，以便于未来工程文件的管理。本设计文件夹地址为"D：\ 教材 \ 直流稳压电源"。

②单击桌面"开始"按钮，在弹出的菜单中选择 Altium Designer 图标启动 Altium Designer。

③选择"文件"→"新建"→"设计工作区"，创建默认名称为"Workspace1. DsnWrk"的设计工作区。

④选择"文件"→"新建"→"工程"→"PCB 工程"，或者单击"Projects"工作面板上的"工作台"按钮，在弹出的菜单中选择"添加新的工程"→"PCB 工程"命令，在当前工作空间中添加一个默认名为"PCB_Project1. PrjPcb"的 PCB 项目文件。

⑤选择"文件"→"新建"→"原理图"，或者单击"Projects"工作面板中的"工程"按钮，在弹出的菜单中选择"给工程添加新的"→"Schematic"命令，在新建的 PCB 项目中添加一个默认名为"Sheet1. SchDoc"的原理图文件。

⑥在主菜单中选择"文件"→"保存"命令，或者单击工具栏中的保存工具按钮，打开如图 5 - 2 所示的"Save［Sheet1. SchDoc］As..."对话框。

图 5 - 2　"Save［Sheet1. SchDoc］As..."对话框

⑦在"Save［Sheet1. SchDoc］As..."对话框的"文件名"编辑框中输入"直流稳压电源原理图"，将保存地址改为本设计的文件夹地址，单击"保存"按钮将原理图文件存为"直流稳压电源原理图. SchDoc"。

⑧在"Projects"工作面板上选择"PCB_Project1. PrjPcb"名称，在主菜单中选择"文件"→"保存工程为"命令打开如图 5 - 3 所示的"Save［PCB_Project1. PrjPcb］As..."对话框。

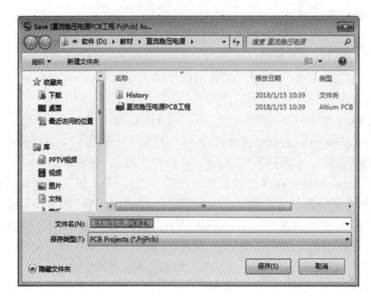

图 5 – 3 "Save［PCB_Project1. PrjPcb］As..."对话框

⑨在"Save［PCB_ Project1. PrjPcb］As..."对话框的"文件名"编辑框中输入"直流稳压电源 PCB 工程",将保存地址改为本设计的文件夹地址,单击"保存"按钮将 PCB 项目文件保存为"直流稳压电源 PCB 工程. PrjPcb"。

⑩在"Projects"工作面板上选择"工作台",在弹出菜单中选择"保存设计工作区",或者在主菜单中选择"文件"→"保存设计工作区为"命令打开如图 5 – 4 所示的"Save［ExampleWorkspace. DsnWrk］As..."对话框。

图 5 – 4 "Save［ExampleWorkspace. DsnWrk］As..."对话框

⑪在"Save〔ExampleWorkspace.
DsnWrk〕As..."对话框的"文件名"
编辑框中输入"直流稳压电源设计
空间",单击"保存"按钮保存该工
作空间为"直流稳压电源设计空间.
DsnWrk"。创建完成后"Projects"工
作面板上显示的项目结构如图 5 - 5
所示。要注意的是,后缀". DsnWrk"
". PrjPcb"及". SchDoc"的后面是否
有"＊",如果有"＊",则代表文件
修改后没有保存,文件保存后"＊"
会自动消失。

图 5 - 5 "Projects"工作面板上显示的项目结构

5.1.2 设置图纸尺寸及版面

完成 PCB 项目及原理图文件的创建工作后,就要进行原理图的绘制工作,
首先定义原理图纸的尺寸及版面。本实例将调用前面章节介绍的原理图模板,其
具体操作步骤如下:

①在"Projects"工作面板上双击新建的"直流稳压电源原理图 . SchDoc"文件名
将其在工作区打开,然后在主菜单中选择"设计"→"模板"→"设置文件模板名称
模板"命令打开"打开"对话框,如图 5 –6 所示。

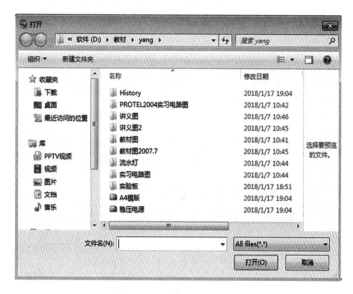

图 5 –6 "打开"对话框

②在"打开"对话框中选择 2.4.1 小节中创建的文档模板文件"A4 模板 . SchDot"，单击"打开"按钮打开如图 5-7 所示的"更新模板"对话框。

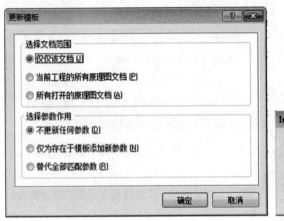

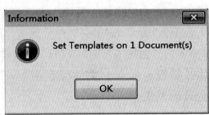

图 5-7 "更新模板"对话框   图 5-8 "Information"消息框

③在"更新模板"对话框中选择"仅仅该文档"和"仅为存在于模板添加新参数"项，单击"确定"按钮更新原理图文件的模板。

原理图模板更新完毕后，系统会显示如图 5-8 所示的"Information"消息框，提示已更新模板，单击"OK"按钮关闭该消息框即可。

应用了模板后，原理图如图 5-9 所示，其幅面大小变为"A4"，标题栏变为与模板一样的形式。

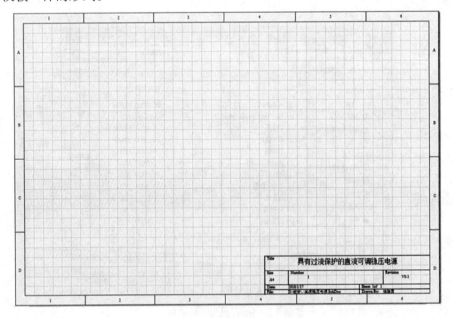

图 5-9 应用模板后的原理图

5.1.3 加载元件库

设置好图纸模板后，接下来就将进入真正的原理图内容设计了。通常电路由少数几个核心器件以及周边的附属器件组成。在绘制原理图时，应先布置核心器件。本设计实例中，核心器件是型号为 LM317 的直流变压芯片。在系统默认加载的器件库中并没有该元件，需要查找并加载对应的元件库，具体操作步骤如下：

①单击工作区右侧的"库"标签打开"库"工作面板。

②单击"库"工作面板上的"Search…"按钮打开如图 5 – 10 所示的"搜索库"对话框。

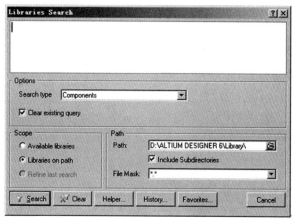

图 5 – 10 搜索库对话框

③在搜索库对话框上部的编辑框内输入"LM317"，在范围"Scope"选项区域中选择库文件路径"Libraries on path"单选项，在路径选项区域的路径"Path"编辑框内输入系统的元件库目录的路径，本书元件库目录为"D：\教材\xiu"，然后单击"Search"按钮开始搜索。

搜索完毕后，"库"工作面板将显示所有与关键字"LM317"相关的搜索结果，如图 5 – 11 所示。

④从"库"工作面板内显示的搜索结果列表中找出原理图中需要的型号为"LM317/2"的器件，双击该器件的

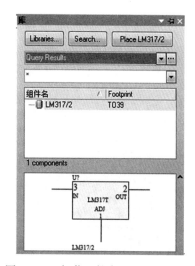

图 5 – 11 加载元件库后的"Libraries"
工作面板

121

名称打开如图 5 – 12 所示的"Confirm"消息框，消息框提示用户，包含"LM317"
器件的元件库"Y1. Schlib"（在设计之前编者制作好的元件库）尚未被加载，并询
问是否马上加载。

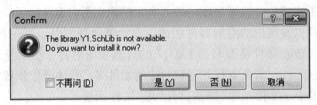

图 5 – 12　"Confirm"消息框

⑤单击"Confirm"消息框中的"是"
按钮，加载该元件库，此时"LM317"
器件已被选中，并吸附在鼠标指针上，
等待被布置到原理图上，如图 5 – 13
所示。

⑥单击键盘上的 Tab 键打开如图
5 – 14 所示的"组件 道具"对话框。

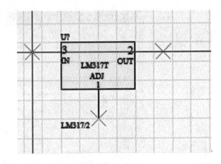

图 5 – 13　鼠标指针上的"LM317"器件

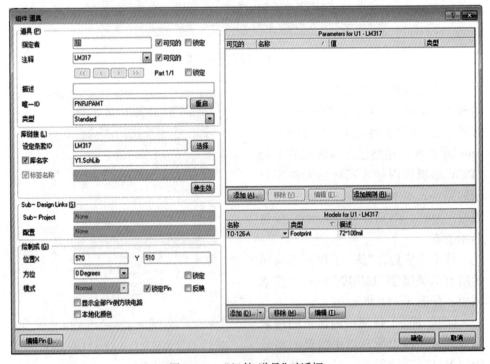

图 5 – 14　"组件 道具"对话框

⑦在"组件 道具"对话框中的"指定者"编辑框内输入"U1"，将该元件的编号设置为"U1"，单击"确定"按钮关闭"组件 道具"对话框。

⑧在原理图图纸中间偏左侧的空白处单击鼠标左键，布置一个编号为"U1"的"LM317"器件，然后单击鼠标右键结束"LM317"器件的布置。

由于在原理图中使用的其他的附属电路的元件均在系统默认加载的"Miscellaneous Devices. IntLib"元件库中，所以无须再加载新的元件库了。

5.1.4　在原理图上布置其他元件

加载所需的元件库后，接下来要在原理图中布置元件了。本电路的 BOM 表如图 5 - 15 所示。

图 5 - 15　电路 BOM 表

(1)布置电阻

布置 9 颗电阻(R1 ～ R9)的步骤如下：

①单击"库"标签，打开"库"工作面板，在元件库列表中选择"Miscellaneous Devices. IntLib"。

②在"库"工作面板的元件列表中选择"Res2"器件，如图 5 - 16 所示。

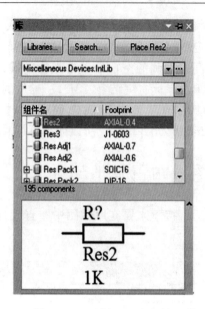

图 5 - 16　选择"Res2"器件

③双击元件列表中的"Res2"器件名称，鼠标指针上将吸附一个"Res2"器件的原理图符号，如图 5 - 17 所示。

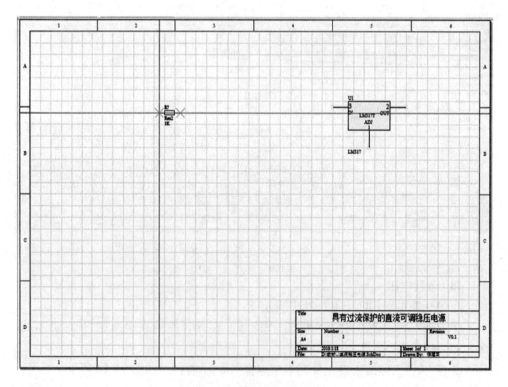

图 5 - 17　放置"Res2"器件

④单击键盘的 Tab 键打开如图 5 – 18 所示的"组件 道具"对话框。

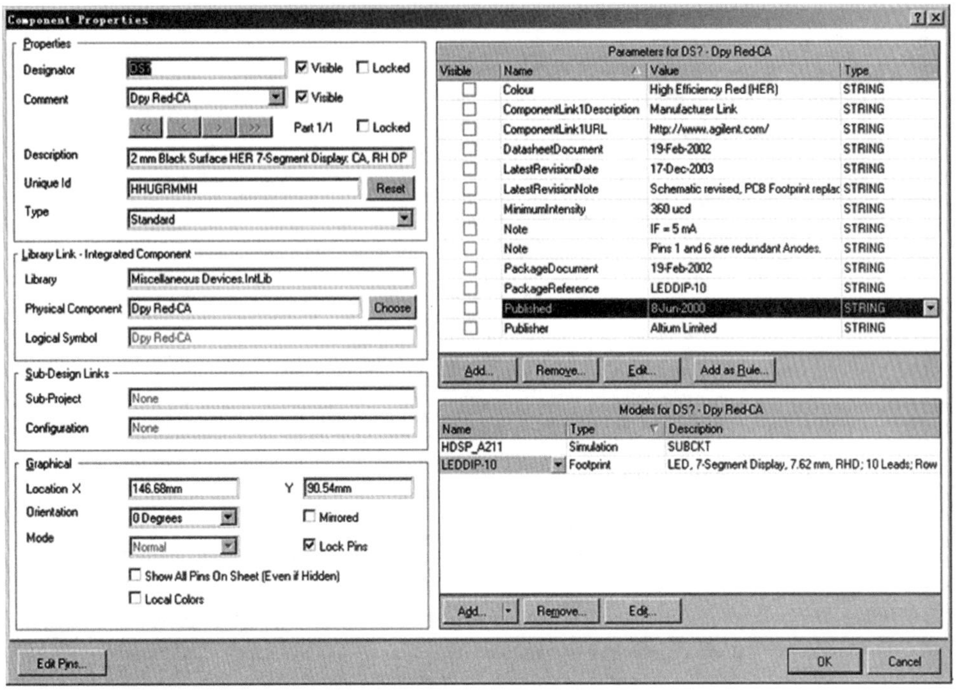

图 5 – 18 "组件 道具"对话框

⑤在"组件 道具"对话框的"道具"区域内的"指定者"编辑框中输入"R1"，"注释"编辑框中输入"1k/0.5W"，单击"确定"按钮，将器件编号为"R1"，注释为"1k/0.5W"，同时将"Parameters for R1 – Res2"栏的名称"Value"的值变更为注释一样的标称值"1k"。"Res2"的 Footprint（封装）是 AXIAL – 0.4，0.4 是英制单位，大概是 10mm。此封装满足本设计的要求，所以在此不对封装进行改变。

⑥连续布置 9 个电阻，系统会对布置的 9 个"Res2"器件自动编号。根据需要输入每个对应编号的注释项。编辑好的编号（注释）分别为"R1（1k/0.5W）""R2（4.7k）""R3（4.7k）""R4（1k）""R5（1k/0.5W）""R6（1Ω/0.5W）""R7（1k）""R8（100Ω）""R9（1k）"，同时变更"Parameters"栏的名称"Value"的值为注释的值，并关掉"Value"的"可见的"选项，如图 5 – 19 所示。

⑦选中所有电阻，选择"编辑"→"对齐"→"左对齐"将器件左对齐，将器件重新排列对齐，排列后如图 5 – 20 所示。后面章节会对排列与对齐进行详细讲解，此处不展开。

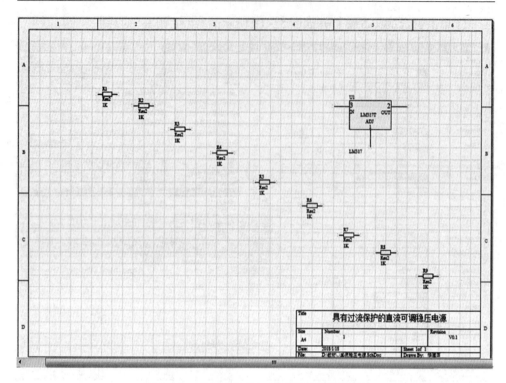

图 5 – 19　布置 9 个"Res2"电阻后的原理图

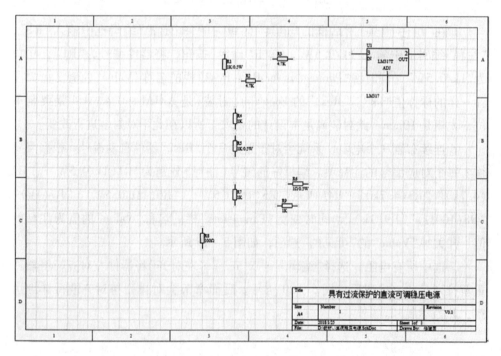

图 5 – 20　对齐 9 个"Res2"电阻后的原理图

（2）布置电容及其余元器件

在"库"面板中的"miscellaneous Devices. IntLib"元件库中选择名称为"Cap2"的电容元件，将 5 个电容布置到原理图中，编辑好编号、注释，变更"Parameters"栏的名称"Value"的值，并左对齐。由于本设计中的 5 颗电容有两种尺寸，所以要为不同器件选择合适的封装。布置好电容的电路图如图 5 – 21 所示。

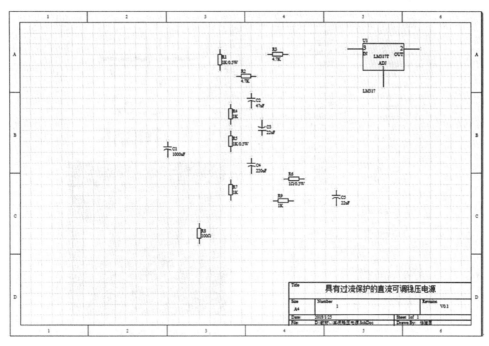

图 5 – 21　布置 5 个电容的原理图

以上三种器件均是通过"库"工作面板布置到原理图中的。在接下来的操作中，将采用另外一种方法布置电容及其余元器件。

①在主菜单中选择"放置"→"器件"命令，或者在工具栏中选择布置元器件工具按钮 ，打开如图 5 – 22 所示的"放置端口"对话框。

②单击"放置端口"对话框中"物理元件"选项区下拉列表右侧的"…"按钮打开如图 5 – 23 所示的"浏览库"对话框。在"浏览

图 5 – 22　"放置端口"对话框

库"对话框上方的"库"下拉列表中选择"Miscellaneous Device. IntLib",然后在下方的元器件列表中选择名称为"Cap2"的器件。

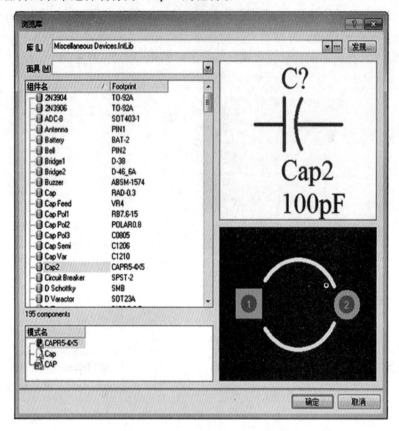

图 5-23 "浏览库"对话框

由于"Cap2"器件可以有不同的 PCB 封装规格,为了方便 PCB 图的设计,在原理图设计时就要将器件的 PCB 封装设置好。用户可在"浏览库"对话框下方的元件模型列表中选择合适的封装。但是由于此处还没有讲解如何设计封装库,所以此处先选择默认的封装"CAPR5 - 4X5",表示焊盘间距 5mm,直径 5mm,高度 4mm。单击"确定"按钮关闭"浏览库"对话框。

③在"组件 道具"对话框中的"指定者"编辑框内输入"C1",将电容的编号设置为"C1",然后单击"确定"按钮关闭该对话框。

④在原理图中依次单击鼠标左键五次布置 5 个电容,系统会自动按照布置的次序给五个电容分别编号"C1"~"C5"。

⑤在电阻"C1"上单击鼠标右键选择"特性",打开"组件 道具"对话框,在对话框右侧的"Parameters for C1 - Cap2"列表中的"Value"行中设置其"Value"值为 1000uF,选择"Value"的"可见的"勾选状态;取消"注释"右侧的"可见的"勾选状态,单击"确定"按钮将电阻"C1"的阻值设置为 1000uF。

128

⑥按照步骤⑤的方法设置"C2"的容值为 47uF，"C3"的容值为 22uF，"C3"的容值为 22uF，"C4"的容值为 220uF，"C5"的容值为 22uF，如图 5 – 24 所示。

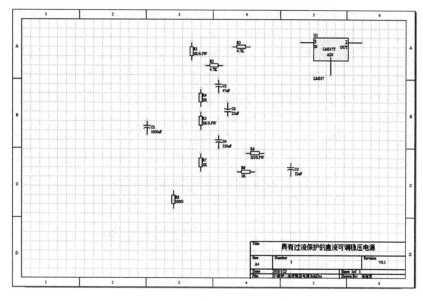

图 5 – 24　设置完容值后的电容

（3）添加五个电源地标志

单击快捷工具栏中的添加电源工具按钮 ⏚，在原理图中放置 L、N、"U＋"和"U－"等四个环形电源端口以及一个地端口，共添加五个电源地标志，如图5 – 25所示。

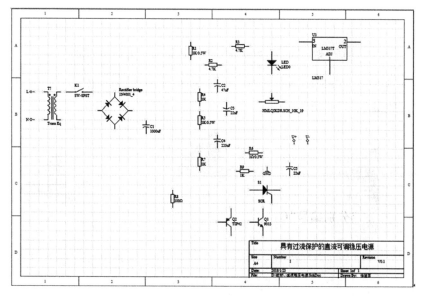

图 5 – 25　添加的五个电源地标志

此处重点讲解整流桥。由于本设计用 4 个二极管代替集成整流桥器件，所以我们需要创建可以 45°摆放的 1N4001。但是让我们为难的是，Altium Designer 在原理图设计时不能将创建好的 0°或者 90°摆放的元件改为 45°的方式放置。而且在创建原理图元件库时，元件引脚也不能进行 45°放置。在此我们用一个取巧的方式避过这个难题。具体创建可以 45°摆放的 1N4001 原理图元件库的步骤如下：

①打开原理图库"Y1"，再创建一个"Sheet1. SchDoc"文件，在"Sheet1. SchDoc"中选择系统默认库"Miscellaneous Devices. IntLib"放置一个"Diode 1N4001"元件。

②选择这个元件，按 Ctrl + C 或者右键"拷贝"，选择"Y1. SchLib"后，选择"SCH Library"，在"组件"栏下方点击鼠标右键，选择"粘贴"，如图 5 – 26 所示。

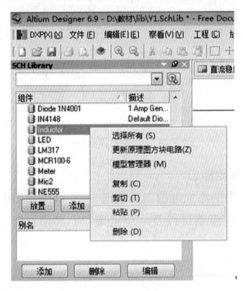

图 5 – 26　在"Y1. SchLib"文件下拷贝一个"1N4001"元件

③首先拖动三角形的三个顶点，将外形图改成 45°的三角形，蓝色直线也改成 45°，如图 5 – 27 所示。

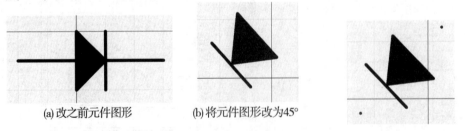

(a)改之前元件图形　　　(b)将元件图形改为45°

图 5 – 27　更改元件图形　　　　　　图 5 – 28　Pin 长度设置为 0

④进入 Pin 特性，将 Pin 长度设置为 0，如图 5 – 28 所示。

⑤选择主菜单"放置"→"线"，在图形
上下 45°方位各绘制一条线，并将 Pin 放置
到两条线的尽头，如图 5 - 29 所示。

绘制好 1N4001 原理图元件后，在原理
图中放置 4 个 45°元件，电路美观，而且为
未来 PCB 布置做好准备。

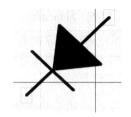

图 5 - 29　45°放置的 1N4001 原理图元件

5.1.5　原理图布局

原理图的布局要合理。可以将原理图中的每个模块隔离开来，使设计更加方
便。隔离原理图可以选用合适颜色和粗细的线（Line，快捷键为 P + D + L）。但
是由于本设计较为简单，不需要分块，所以本设计电路图不分块。其原理图布置
主要根据电流走向和元件之间的连接关系进行布置。布置好的原理图如图 5 - 30
所示。

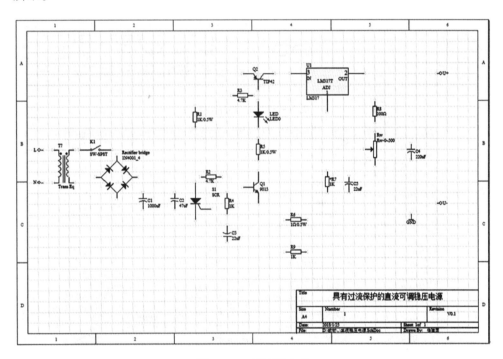

图 5 - 30　原理图布局

元件布置好后，需要对元件进行连接，具体步骤如下：

①选择"放置"→"线"，或单击快捷工具栏中的布置导线工具按钮 ，将各
元件用导线连接起来。连接完线路后的电路图如图 5 - 31 所示。其中可能会出现
两条线相交汇时的处理。我们可以选择"工具"→"设置原理图参数"，进入"参数

131

设置"框，勾选"Schematic"→"General"中的"转换十字交叉"和"显示 Cross - Overs"选项，具体设置如图 5 - 32 所示。不勾选上述两项设置的连线结果如图 5 - 33 所示。相交且相连的结点需要手工添加。

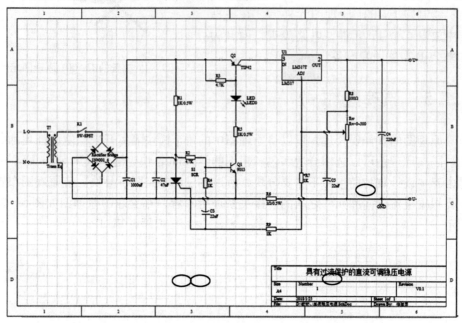

图 5 - 31　原理图连线

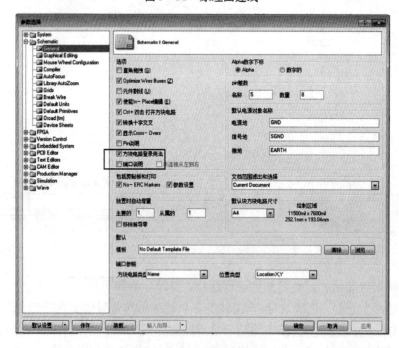

图 5 - 32　交汇连线设置

132

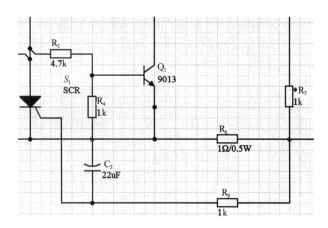

图 5 - 33　交汇连线设置不勾选的连线效果

②选择"放置"→"网络标号"，或者单击快捷工具栏中的添加网络标签工具按钮 **Net**，然后单击键盘 Tab 键打开"网络标签"对话框，在"网络"编辑框内输入网络标签的名称"Q2E"，单击"确定"按钮关闭"网络标签"对话框。

③在元件"C1"正极连线上单击鼠标左键布置一个名称为"Q2E"的网络标签。

④按照步骤②～③介绍的方法布置其他的网络标签。本例中网络标签的名称和位置如表 5 - 1 所示。

表 5 - 1　网络标签布置表

网络标签名称	布置的位置
～220L	交流 220V 火线
～220N	交流 220V 零线
～12L	交流 12V 火线
～12N	交流 12V 零线
～12L - K1	整流桥交流 12V 火线输入
Q2E	整流的直流电压正极，C1 正极，Q2 发射极
Q2C	Q2 集电极，LM317 输入端
Q2B	Q2 基极，LED 阳极
Q1E	整流的直流电压负极，Q1 发射极，可控硅阴极
Q1C	Q1 集电极
Q1B	Q1 基极
LED -	LED 阴极
MCR - A	MCR 阳极，C2 阳极
RW	可调电阻 RW 的可调端
U1. 25 ～ 7. 5	LM317 输出端，C4 正极
GND	直流电接地端，C4 负极

做到这里，绘制好的图 5 - 34 原理图的电气部分已经绘制完成了。为了让原理图使用者能更清晰地了解原理图的功能，还需要添加一些注释：

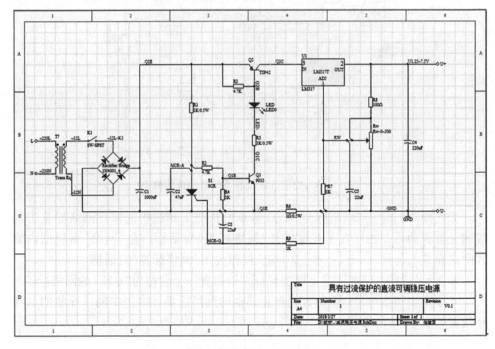

图 5 - 34　连接导线并放置网络名称后的原理图

①选择"放置"→"文本字符串"，或者单击快捷工具栏中的绘图工具按钮，在弹出的绘图工具栏中选择添加注释工具按钮 **A**，单击键盘 Tab 键打开"注释"对话框。

②在"注释"对话框内的"道具"选项区域中的"文本"编辑框中输入"直流输出1.25 ～ 7.5V"，单击"确定"按钮关闭该对话框，然后在编号为"U1"的元件右侧单击鼠标左键，布置注释文本。

③选择"放置"→"文本框"，或者单击快捷工具栏中的绘图工具按钮，在弹出的绘图工具栏中选择添加文本框工具按钮，单击键盘 Tab 键，打开"文本框"对话框。

④单击"文本框"对话框内"道具"选项区域中的"文本"右侧的"更改"按钮打开"Text Frame Text"编辑框，输入"注：如果 RW 采用 500Ω，R7 不安装"，单击"确定"按钮关闭该对话框，然后在编号为"R9"的元件右侧单击鼠标左键，布置注释文本框。

添加注释后的原理图如图 5 - 35 所示。

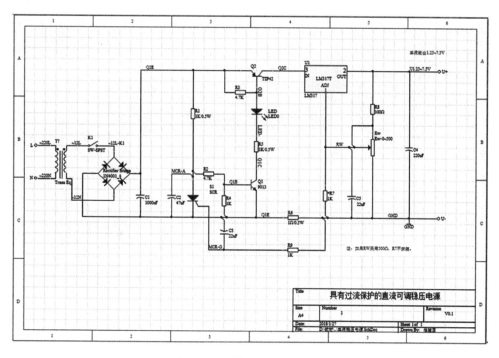

图 5 - 35　添加注释后的原理图

5.1.6　原理图编译

选择左下角"Projects"面板，右键点击 SchDoc 原理图文件，选择"Compile Document"直流稳压电源原理图 . SchDoc"编辑当前文档，或使用"工程"→"Compile Document 直流稳压电源原理图 . SchDoc"编译当前文档。此外，还可以对工程文件进行编译：选择右键单击"直流稳压电源 PCB 工程 . PrjPCB"，或使用"工程"→"Compile PCB Project 直流稳压电源 PCB 工程 . PrjPCB"编译当前工程。如果有错误或警告，会在弹出的"Messages"框中显示。双击错误连接会跳转到错误处，对相应的错误进行修改，反复编译修改，直至没有错误，最后结果如图5 - 36 所示。

如果系统不显示"Messages"窗口，可以选择主菜单"察看"→"工作区面板"→"System"→"Messages"命令打开"Messages"窗口。

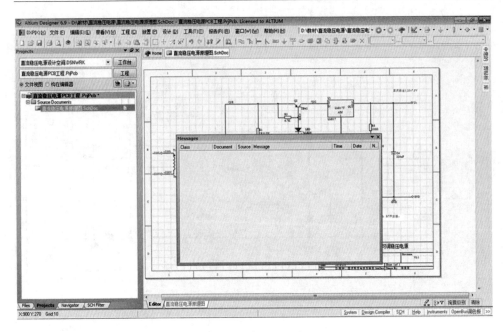

图 5-36　原理图编译

5.1.7　生成报表

原理图校对结束后，用户可利用系统提供的各种报表生成服务模块创建各种报表，例如网络表、元件报表等，为后续的 PCB 板设计做好准备。

生成网络表之前，需要检查是否每个原理图元件都映射了正确的元件封装。在主菜单选择"工具"→"封装管理器"打开封装管理器，如图 5-37 所示。

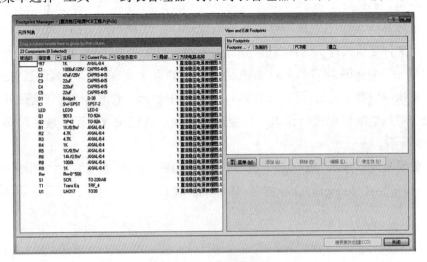

图 5-37　封装管理器

检查所有封装是否满足设计要求，检查完毕无误后关闭封装管理器。

使用"设计"→"工程的网络表"→"Protel"生成网络表，如图 5 – 38 所示。

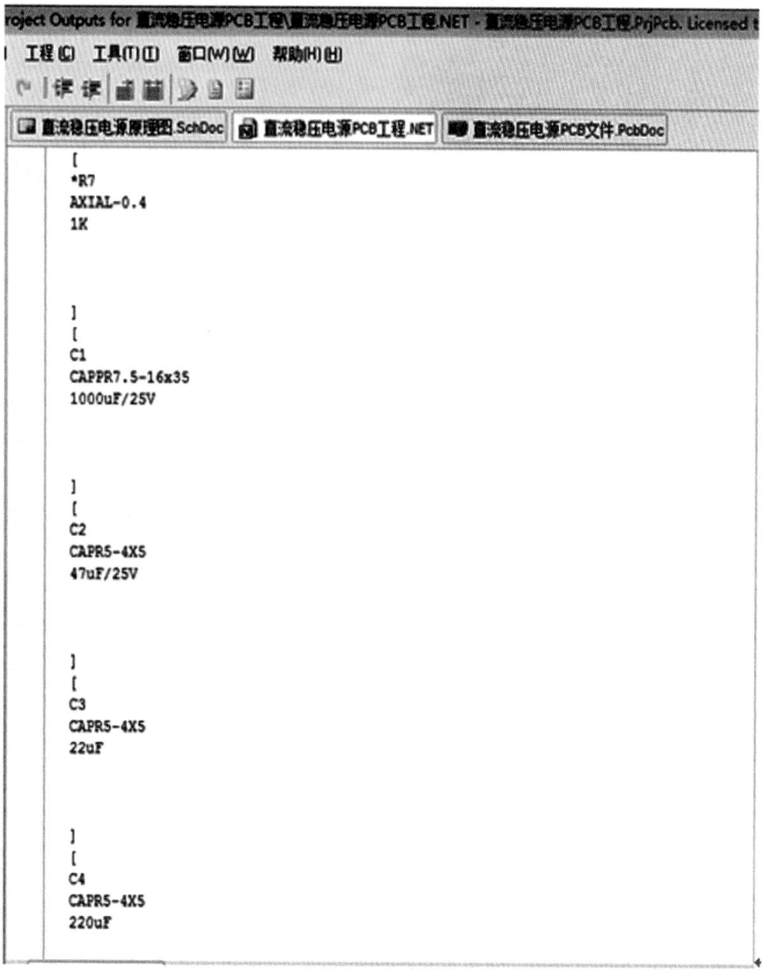

图 5 – 38　生成网络表

使用"报告"→"Bill of Materals"生成元件报表（BOM 报表）。BOM 报表如图 5 – 39 所示。

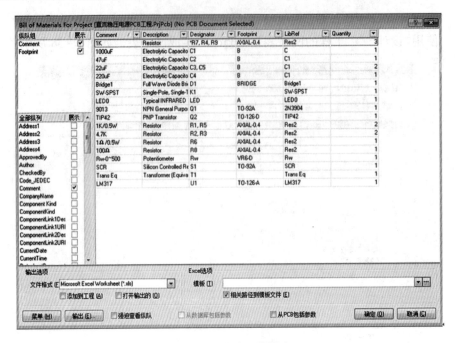

图 5 – 39　生成元件报表

5.1.8　图纸输出

图纸完成后，接下来要做的就是存档和输出了，步骤如下：

①在主菜单中选择"文件"→"全部保存"命令将所有文件存盘。

②在主菜单中选择"文件"→"页面设计"命令打开如图 5 – 40 所示的"Schematic Print Properties"对话框。

图 5 – 40　"Schematic Print Properties"对话框

③在"Schematic Print Properties"对话框的"打印机纸张"区域内选择"风景"
项，设置打印方向为竖直打印，单击"打印机设置"按钮打开如图 5 – 41 所示的
"Printer Configuration for［Documentation Outputs］"对话框。

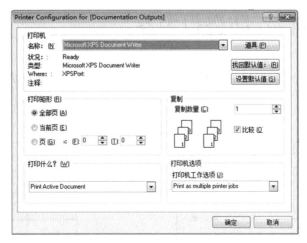

图 5 – 41　"Printer Configuration for［Documentation Outputs］"对话框

④在"Printer Configuration for［Documentation Outputs］"对话框的"打印机"区
域内的"名称"下拉列表中选择已安装的打印机设备。

⑤单击"Printer Configuration for［Documentation Outputs］"对话框中的"确定"
按钮关闭该对话框，然后单击"Schematic Print Properties"对话框中的"预览"按钮
打开如图 5 – 42 所示的"Preview Schematic Prints of［］"窗口。

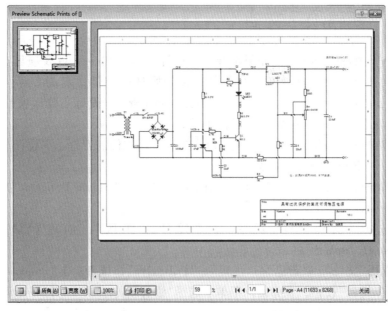

图 5 – 42　"Preview Schematic Prints of［］"窗口

⑥经预览检查合格后，单击"Preview Schematic Prints of [ ]"窗口中的"打印"按钮开始打印。

5.2 实例2：防盗报警器

本节将介绍一款以 NE555 为核心器件的防盗报警器。电路原理图如图 5-43 所示。

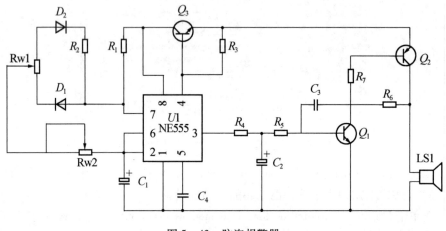

图 5-43 防盗报警器

5.2.1 新建项目文档

在进行原理图设计之前需要新建一个设计工作区和一个 PCB 项目文档。新建项目文档名称最好能体现文件属性，譬如原理图文件命名为"＊＊＊原理图.SchDoc"，工程文件命名为"＊＊＊PCB 工程.PCBPrj"，设计工作区文件命名为"＊＊＊设计工作区.DsnWrk"等，具体步骤如下：

①建立一个工程设计的文件夹，以便未来工程文件的管理。本设计文件夹地址为"D：\ 教材 \ 防盗报警器"。

②单击桌面"开始"按钮，在弹出的菜单中选择"Altium Designer"图标启动 Altium Designer。

③选择"文件"→"新建"→"设计工作区"，创建默认名称为"Workspace1. DsnWrk"的设计工作区。

④选择"文件"→"新建"→"工程"→"PCB 工程"，或者单击"Projects"工作面板上的"工作台"按钮，在弹出的菜单中选择"添加新的工程"→"PCB 工程"命令，在当前工作空间中添加一个默认名为"PCB_Project1. PrjPcb"的 PCB 项目文件。

⑤选择"文件"→"新建"→"原理图"，或者单击"Projects"工作面板中的"工程"按钮，在弹出的菜单中选择"给工程添加新的"→"Schematic"命令，在新建的PCB 项目中添加一个默认名为"Sheet1. SchDoc"的原理图文件。

⑥在主菜单中选择"文件"→"保存"命令，或者单击工具栏中的保存工具按钮打开如图 5 - 44 所示的"Save［Sheet1. SchDoc］As... "对话框。

图 5 - 44　"Save［Sheet1. SchDoc］As... "对话框

⑦在"Save［Sheet1. SchDoc］As... "对话框的"文件名"编辑框中输入"防盗报警器电路图"，将保存地址改为本设计的文件夹地址，单击"保存"按钮将原理图文件存为"防盗报警器电路图 . SchDoc"。

⑧在"Projects"工作面板上选择"PCB_ Project1. PrjPcb"名称，在主菜单中选择"文件"→"保存工程为"命令打开如图 5 - 45 所示"Save［PCB_ Project1. PrjPcb］As... "对话框。

⑨在"Save［PCB_ Project1. PrjPcb］As... "对话框的"文件名"编辑框中输入"防盗报警器 PCB 工程"，将保存地址改为本设计的文件夹地址，单击"保存"按钮将 PCB 项目文件保存为"防盗报警器 PCB 工程 . PrjPcb"。

⑩在"Projects"工作面板上选择"工作台"，在弹出菜单中选择"保存设计工作区"，或者在主菜单中选择"文件"→"保存设计工作区为"命令打开如图 5 - 46 所示"Save［ExampleWorkspace. DsnWrk］As... "对话框。

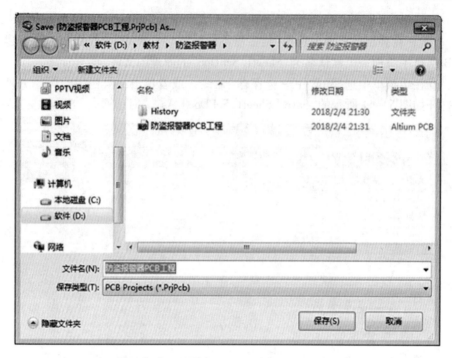

图 5－45　"Save［PCB_Project1. PrjPcb］As..."对话框

图 5－46　"Save［ExampleWorkspace. DsnWrk］As..."对话框

⑪在"Save［ExampleWorkspace. DsnWrk］As..."对话框的"文件名"编辑框中输入"防盗报警设计空间"，单击"保存"按钮，保存该工作空间为"防盗报警设计空间. DsnWrk"。创建完成后"Projects"工作面板上显示的项目结构如图 5 - 47 所示。要注意的一点是，后缀". DsnWrk"". PrjPcb"及". SchDoc"的后面是否有"＊"，如果有"＊"，则代表文件修改后没有保存。文件保存后"＊"会自动消失。

图 5 - 47　"Projects"工作面板上显示的项目结构

5.2.2　设置图纸尺寸及版面

完成 PCB 项目及原理图文件的创建工作后，就要进行原理图的绘制工作。绘制原理图首先是定义原理图纸的尺寸及版面。本实例将调用前面章节介绍的原理图模板，其具体操作步骤如下：

①在"Projects"工作面板上双击新建的"防盗报警器电路图. SchDoc"文件将其在工作区打开，然后在主菜单中选择"设计"→"模板"→"设置文件模板名称模板"命令打开如图 5 - 48 所示的"打开"对话框。

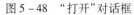

图 5 - 48　"打开"对话框　　　　图 5 - 49　"更新模板"对话框

②在"打开"对话框中选择 2.4.1 小节中创建的文档模板文件"A4 模板 . SchDot"，单击"打开"按钮打开如图 5-49 所示的"更新模板"对话框。

③在"更新模板"对话框中选择"仅仅该文档"和"仅为存在于模板添加新参数"项，单击"确定"按钮更新原理图文件的模板。

原理图模板更新完毕后，系统可能会显示如图 5-50 所示的"Information"消息框，提示已更新模板，单击"确定"按钮关闭该消息框即可。

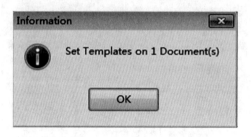

图 5-50　"Information"消息框

应用了模板后，原理图如图 5-51 所示，其幅面大小变为"A4"，标题栏变为与模板中的形式一样。

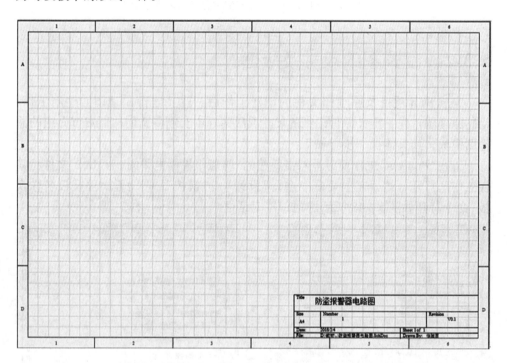

图 5-51　应用模板后的原理图

5.2.3　加载元件库

设置好图纸模板后，接下来就将进入真正的原理图设计了。通常电路由少数几个核心器件以及周边的附属器件组成。在绘制原理图时。应先布置核心器件。本设计实例的核心器件是型号为 NE555 的芯片。在系统默认加载的器件库中并没有该元件，需要查找并加载对应的元件库，具体操作步骤如下：

①单击工作区右侧的"库"标签打开"库"工作面板。

②单击"库"工作面板上的"Search…"按钮打开如图 5 – 52 所示的搜索库对话框。

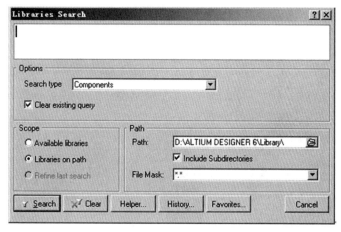

图 5 – 52　搜索库对话框

③在"搜索库"对话框上部的编辑框内输入"NE555"，在"范围"选项区域中选择"库文件路径"单选项，在"路径"选项区域的"路径"编辑框内输入系统的元件库目录的路径，本书元件库目录为"D：\ 教材 \ xiu"，单击" Search … "按钮开始搜索。

搜索完毕后，"库"工作面板将显示所有与关键字"NE555"相关的搜索结果。图 5 – 53 说明系统库中无"NE555"。

④新建一个 Sch 单元库"防盗报警器原理图库 . SchDoc"，并创建元

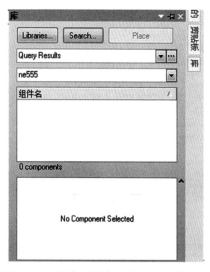

图 5 – 53　搜索元件库后的"库"工作面板

145

件"NE555"。由于建库方法简单，所以此处略过。

⑤加载元件库，选中"防盗报警器原理图库"，在库中选中"NE555"器件并吸附在鼠标指针上，等待被布置到原理图上，如图 5-54 所示。

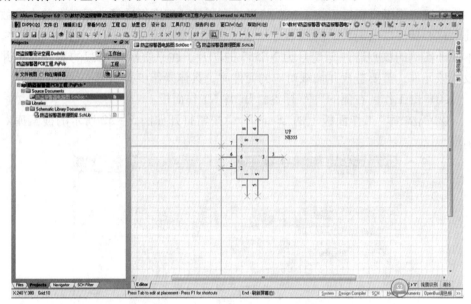

图 5-54　鼠标指针上的"NE555"器件

⑥单击键盘上的 Tab 键打开如图 5-55 所示的"组件 道具"对话框。

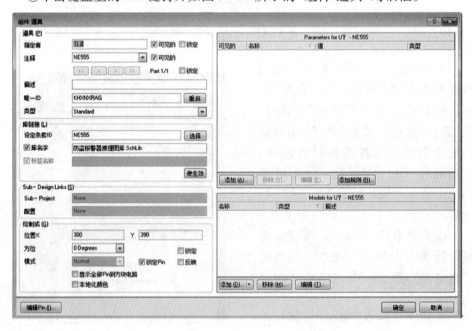

图 5-55　"组件 道具"对话框

⑦在"组件 道具"对话框中的"指定者"编辑框内输入"U1"，将该元件的编号设置为"U1"，单击"确定"按钮关闭"组件 道具"对话框。

⑧在原理图图纸中间偏左侧的空白处单击鼠标左键，布置一个编号为"U1"的"NE555"器件，然后单击鼠标右键结束"NE555"器件的布置。

由于在原理图中使用的其他附属电路的元件均在系统默认加载的"Miscellaneous Devices. IntLib"元件库中，所以无须再加载新的元件库了。

5.2.4　在原理图上布置其他元件

加载所需的元件库后，接下来要在原理图中放置元件了。

放置 7 颗电阻(R1 ～ R7)的步骤如下：

①单击"库"标签打开"库"工作面板，在元件库列表中选择"Miscellaneous Devices. IntLib"。

②在"库"工作面板的元件列表中选择"Res2"器件，如图 5 – 56 所示。

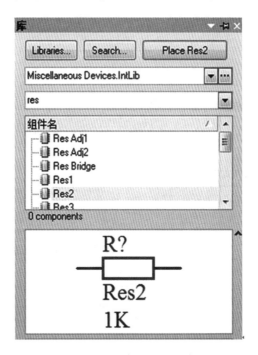

图 5 – 56　选择"Res2"器件

③双击元件列表中的"Res2"器件名称，鼠标指针上将吸附一个"Res2"器件的原理图符号，如图 5 –57 所示。

④单击键盘的 Tab 键打开如图 5 –58 所示的"组件 道具"对话框。

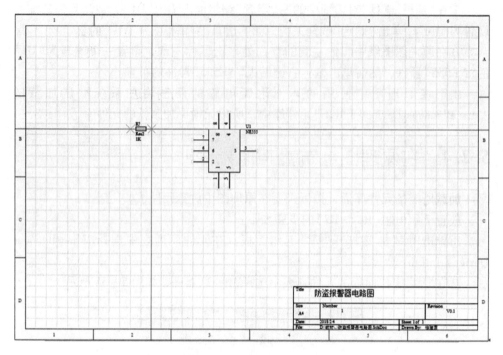

图 5 – 57　放置"Res2"器件

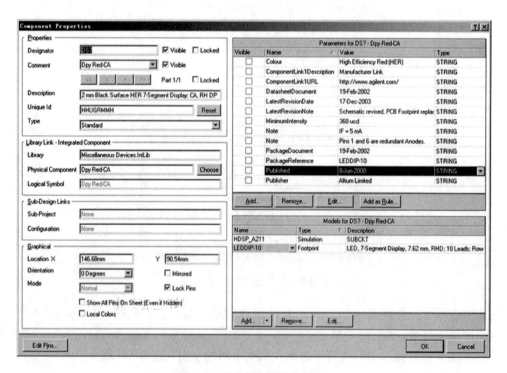

图 5 – 58　"组件 道具"对话框

⑤在"组件 道具"对话框的"道具"区域内的"指定者"编辑框中输入"R1"，"注释"编辑框中输入"68K"，单击"确定"按钮将编号为"R1"的器件注释为"68K"，同时将"Parameters for R1 – Res2"栏的名称"Value"的值变更为注释一样的标称值"68K"。"Res2"的 Footprint（封装）是 AXIAL – 0. 4：0. 4 是英制单位，大约为 10mm。此封装满足本设计的要求，所以在此不对封装进行改变。

⑥连续放置 7 个电阻，系统会对布置的 7 个"Res2"器件自动进行编号。根据需要输入每个对应编号的注释项。编辑好的编号（注释）分别为"R1（68K）""R2（33K）""R3（68K）""R4（22K）""R5（68K）""R6（1K）""R7（330Ω）"，同时变更"Parameters"栏的名称"Value"的值为注释的值，并关掉"Value"的"可见的"选项，如图 5 – 59 所示。

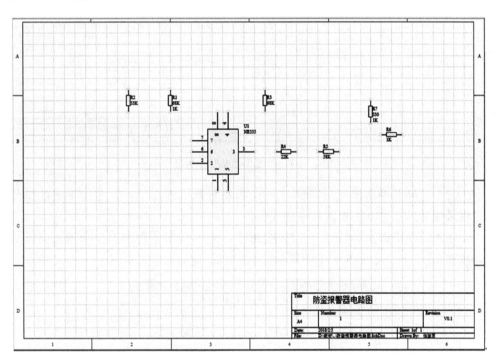

图 5 – 59　布置 7 个"Res2"电阻后的原理图

⑦在"库"面板中的"miscellaneous Devices. IntLib"元件库中选择名称为"Cap2"的电容元件，将 2 个电解电容布置到原理图中，编辑好编号、注释，变更"Parameters"栏的名称"Value"的值，并左对齐。由于本设计中的 2 颗电容有两种尺寸，所以要为不同器件选择合适的封装。布置好电容的电路图如图 5 – 60 所示。

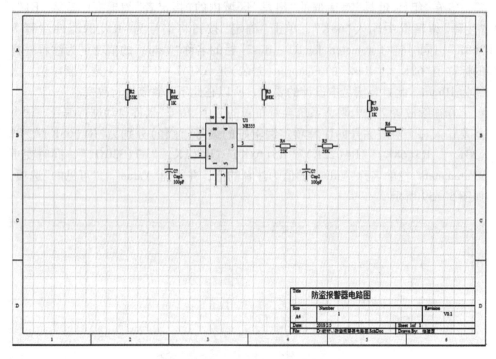

图 5 - 60   布置 2 个电容的原理图

以上三种器件均是通过"库"工作面板布置到原理图中的。在接下来的操作中将采用另外一种方法布置其余的元器件。

在主菜单中选择"放置"→"器件"命令，或者在工具栏中选择布置元器件工具按钮 ，打开如图 5 - 61 所示的"放置端口"对话框。

图 5 - 61   "放置端口"对话框

单击"放置端口"对话框中"物理元件"选项区域下拉列表右侧的"..."按钮打开如图 5 – 62 所示的"浏览库"对话框。在"浏览库"对话框上方的"库"下拉列表中选择"Miscellaneous Device. IntLib"，然后在下方的元器件列表中选择名称为"Cap"的器件。

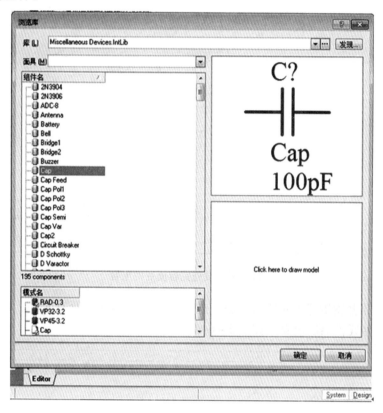

图 5 – 62　"浏览库"对话框

由于"Cap"器件可以有不同的 PCB 封装规格，为了方便 PCB 图的设计，在原理图设计时就要将器件的 PCB 封装设置好。用户可在"浏览库"对话框下方的元件模型列表中选择合适的封装。单击"确定"按钮关闭"浏览库"对话框。

⑧在"组件 道具"对话框中的"指定者"编辑框内输入"C3"，将电容的编号设置为"C3"，然后单击"确定"按钮关闭该对话框。

⑨在原理图中依次单击鼠标左键两次布置 2 个电容，系统会自动按照布置的次序，给电容分别编号"C3"和"C4"。

⑩在电容"C3"上单击鼠标右键选择"特性"打开"组件 道具"对话框，在对话框右侧的"Parameters for C3 – Cap"列表中的"Value"行中设置其"Value"值为"223"，选择"Value"的"可见的"勾选状态；取消"注释"右侧的"可见的"勾选状态，单击"确定"按钮将电容"C3"的容值设置为 223。

⑪按照步骤⑩的方法，设置"C4"的容值为 223，如图 5 – 63 所示。

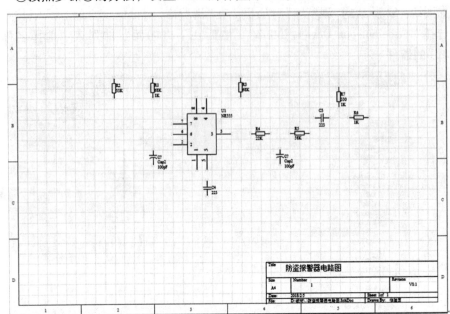

图 5 – 63　设置完容值后的电容

⑫按照上述步骤中介绍的方法，在电路图中添加其他所有元件、电源和地。添加完这些元件后的电路图如图 5 – 64 所示。

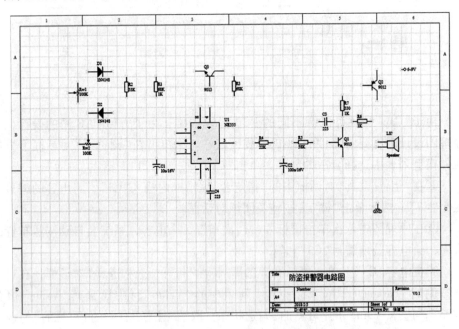

图 5 – 64　添加完所有元件后的电路图

5.2.5　在原理图上布线

①选择"放置"→"线",或单击快捷工具栏中的布置导线工具按钮 $\approx$,将各元件用导线连接起来。连接完线路后的电路图如图 5-65 所示。其中可能会出现两条线相交汇时的处理。我们可以选择"工具"→"设置原理图参数",进入"参数设置"框,勾选"Schematic"→"General"中的"转换十字交叉"和"显示 Cross-Overs"选项,具体设置如图 5-66 所示。不勾选上述两项设置的连线结果如图 5-67 所示。相交且相连结点要放置一个手工结点。

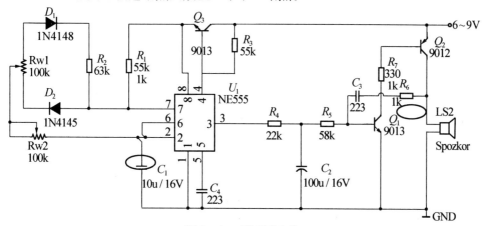

图 5-65　原理图连线

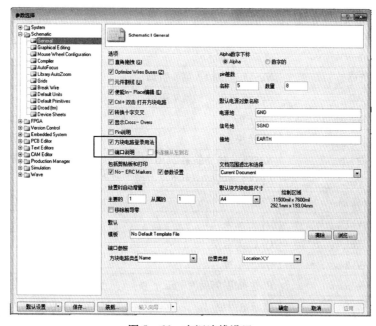

图 5-66　交汇连线设置

153

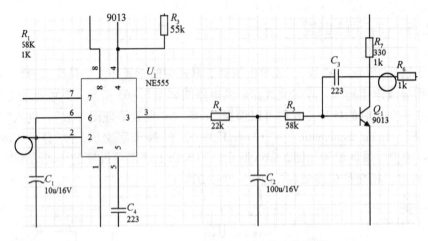

图 5-67　交汇连线设置不勾选的连线效果

②选择"放置"→"网络标号"，或者单击快捷工具栏中的添加网络标签工具按钮 **Net**，然后单击键盘 Tab 键打开"网络标签"对话框。在"网络"编辑框内输入网络标签的名称"Q2E"，单击"确定"按钮关闭"网络标签"对话框。

③在元件"C1"正极连线上单击鼠标左键，布置一个名称为"Q2E"的网络标签。

④按照步骤②～③介绍的方法布置其他网络标签。本例中网络标签的名称和位置如表 5-2 所示。

表 5-2　网络标签布置表

网络标签名称	布置的位置	
6～9V	直流电源输入	Q3 的 C 极
VCC	NE555 电源输入第 8 引脚	
V7	NE555 放电功能第 7 引脚	
Vdischarge	D1 正极	Rw1 上面引脚
Vcharge	D2 负极	Rw1 下面引脚
V2-6	NE555 比较功能第 2、6 引脚	Rw2 右侧引脚
Vout	NE555 矩形波输出第 3 引脚	
Vtriangle	C2 正极	R5 左侧引脚
Vb1	Q1 的基极	
Vc1	Q1 的集电极	
Vb2	Q2 的基极	
Vfeedback	R6 左侧引脚反馈电压	
GND	直流电源地	

到这里，原理图 5 - 68 所示的电气部分已经绘制完了。为了让原理图的使用者能更清晰地了解原理图的功能，还需要添加一些注释。

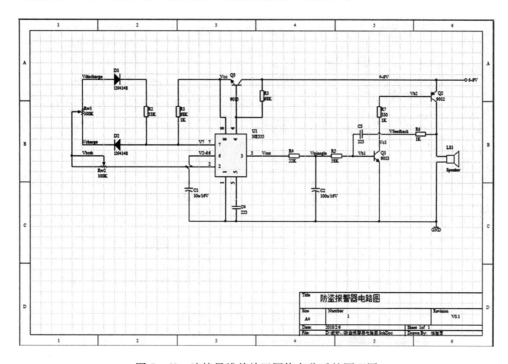

图 5 - 68　连接导线并放置网络名称后的原理图

⑤选择"放置"→"文本字符串"，或者单击快捷工具栏中的绘图工具按钮 📐 ，在弹出的绘图工具栏中选择添加注释工具按钮 **A** ，单击键盘 Tab 键打开"注释"对话框。

⑥在"注释"对话框内的"道具"选项区域中的"文本"编辑框中输入"红线代表监控线，断开后报警器才工作"，单击"确定"按钮关闭该对话框，然后在编号为"U1"的元件右侧单击鼠标左键，布置注释文本。

添加注释后的原理图如图 5 - 69 所示。

5.2.6　生成报表

原理图校对结束后，用户可利用系统提供的各种报表生成服务模块创建各种报表，例如网络表、元件报表等，为后续的 PCB 板设计做好准备。

使用"设计"→"工程的网络表"→"Protel"生成网络表，如图 5 - 70 所示。

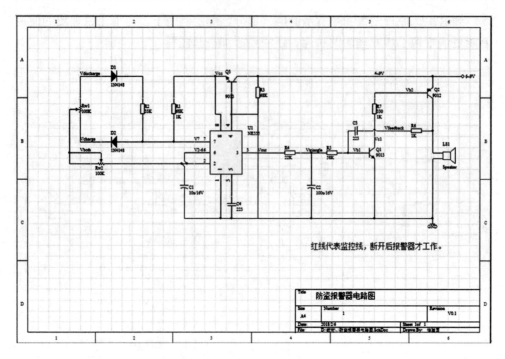

图 5 – 69 添加注释后的原理图

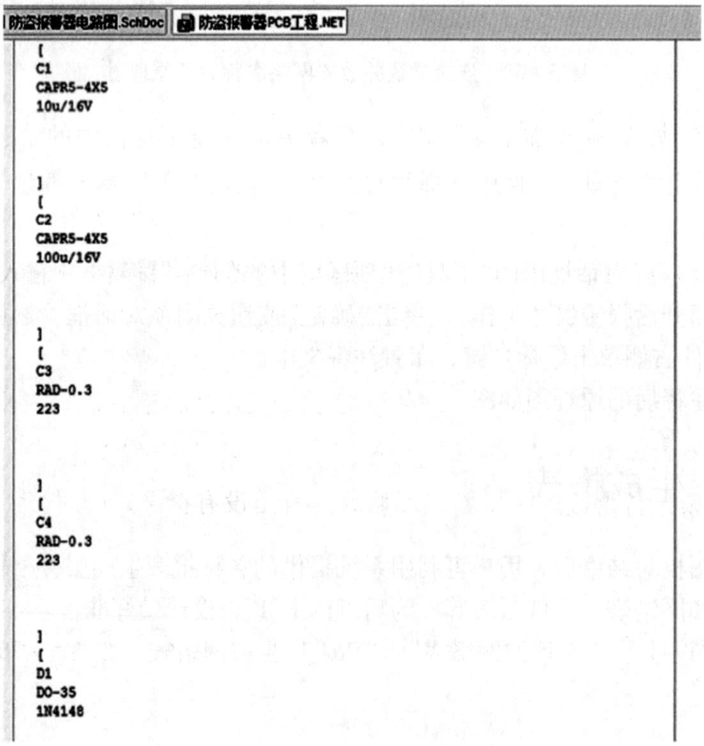

防盗报警器电路图.SchDoc 防盗报警器PCB工程.NET

```
[
C1
CAPR5-4X5
10u/16V


]
[
C2
CAPR5-4X5
100u/16V


]
[
C3
RAD-0.3
223


]
[
C4
RAD-0.3
223


]
[
D1
DO-35
1N4148
```

图 5 – 70 生成网络表

使用"报告"→"Bill of Materals"生成元件报表。由于我们还没有开始进行PCB 设计，所以其中有些元件的 PCB 封装还不正确。BOM 报表如图 5 - 71 所示。

图 5 - 71　生成元件报表

5.2.7　原理图编译

选择左下角 Projects 面板，右键点击 SchDoc 原理图文件，选择"Compile Document 防盗报警器原理图 . SchDoc"编辑当前文档，或使用"工程"→"Compile Document 防盗报警器原理图 . SchDoc"编译当前文档。此外，还可以对工程文件进行编译：选择右键单击"防盗报警器 PCB 工程 . PrjPCB"，或使用"工程"→"Compile PCB Project 防盗报警器 PCB 工程 . PrjPCB"编译当前工程。如果有错误或警告，会在弹出的"Messages"框中显示。双击错误连接会跳转到错误处，可对相应的错误进行修改……反复编译修改，直至没有错误，最后结果如图 5 - 72所示。

如果系统不显示"Messages"窗口，可以选择主菜单"察看"→"工作区面板"→"System"→"Messages"命令打开"Messages"窗口。

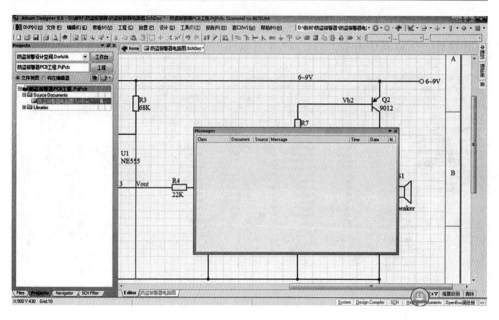

图 5 - 72　原理图编译

5.2.8　图纸输出

图纸完成后，接下来要做的就是存档和输出了，步骤如下：

①在主菜单中选择"文件"→"全部保存"命令将所有文件存盘。

②在主菜单中选择"文件"→"页面设计"命令打开如图 5 - 73 所示的"Schematic Print Properties"对话框。

图 5 - 73　"Schematic Print Properties"对话框

③在"Schematic Print Properties"对话框的"打印机纸张"区域内选择"风景"项，设置打印方向为竖直打印，单击"打印机设置"按钮打开如图 5 – 74 所示的"Printer Configuration for［Documentation Outputs］"对话框。

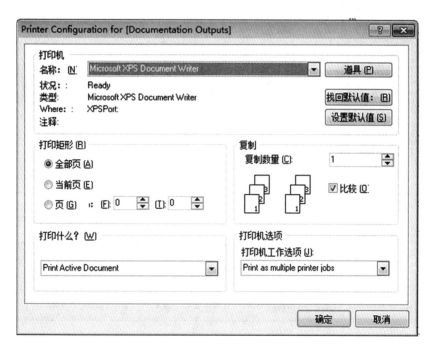

图 5 – 74　"Printer Configuration for［Documentation Outputs］"对话框

④在"Printer Configuration for［Documentation Outputs］"对话框的"打印机"区域内的"名称"下拉列表中选择已安装的打印机设备。

⑤单击"Printer Configuration for［Documentation Outputs］"对话框中的"确定"按钮关闭该对话框，然后单击"Schematic Print Properties"对话框中的"预览"按钮打开如图 5 – 75 所示的"Preview Schematic Prints of［］"窗口。

⑥经预览检查合格后，单击"Preview Schematic Prints of［］"窗口中的"打印"按钮开始打印。

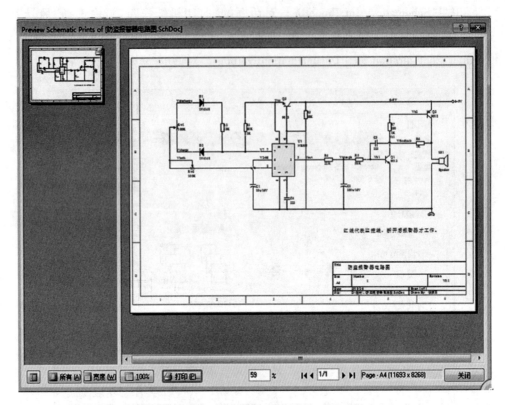

图 5 – 75　"Preview Schematic Prints of [ ]"窗口

5.3　实例 3：时钟电路

　　本节将通过一个完整的单片机原理图设计实例，介绍电路原理图的设计过程。其中涉及 89C52、Max232ACPE 及 7SEG_2 等元件库的制作，本书将细致讲解，以便读者掌握元件库制作的基本方法。实例将完成一个"时钟电路"的设计。最终完成的电路原理图如图 5 – 76 所示。

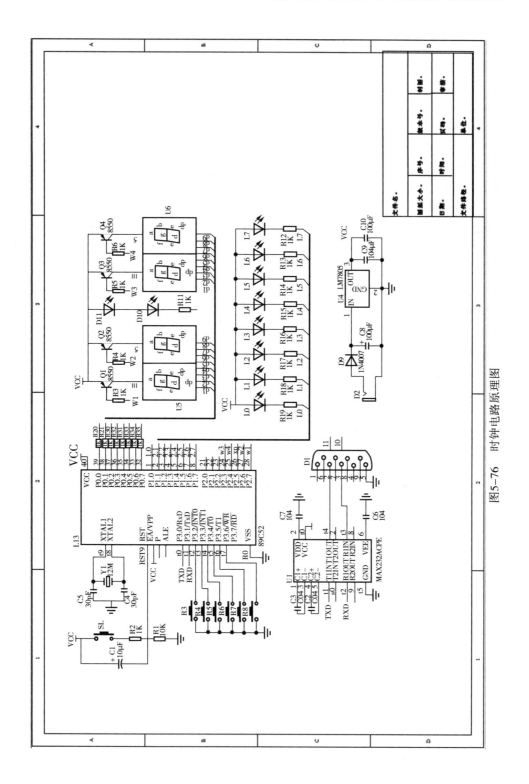

图 5-76　时钟电路原理图

5.3.1　新建项目文档

在进行原理图设计之前需要新建一个设计工作区和一个 PCB 项目文档，步骤如下：

①建立一个工程设计的文件夹，便于未来工程文件的管理。本设计文件夹地址为"D：\ 教材 \ 时钟电路"。

②单击桌面"开始"按钮，在弹出的菜单中选择"Altium Designer"图标，启动 Altium Designer。

③选择"文件"→"新建"→"设计工作区"，创建默认名称为"Workspace1. DsnWrk"的设计工作区。

④选择"文件"→"新建"→"工程"→"PCB 工程"，或者单击"Projects"工作面板上的"工作台"按钮，在弹出的菜单中选择"添加新的工程"→"PCB 工程"命令，在当前工作空间中添加一个默认名为"PCB_ Project1. PrjPcb"的 PCB 项目文件。

⑤选择"文件"→"新建"→"原理图"，或者单击"Projects"工作面板中的"工程"按钮，在弹出的菜单中选择"给工程添加新的"→"Schematic"命令，在新建的 PCB 项目中添加一个默认名为"Sheet1. SchDoc"的原理图文件。

⑥在主菜单中选择"文件"→"保存"命令，或者单击工具栏中的保存工具按钮，打开如图 5 – 78 所示的"Save［］As..."对话框。

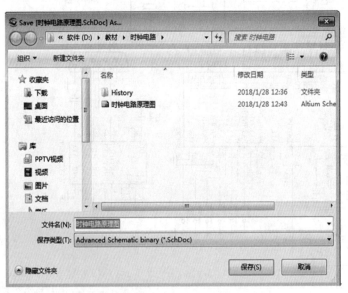

图 5 – 77　"Save［］As..."对话框

⑦在"Save［］As..."对话框的"文件名"编辑框中输入"时钟电路原理图"，将保存地址改为本设计的文件夹地址，单击"保存"按钮将原理图文件保存为"时

钟电路原理图 . SchDoc"。

⑧在"Projects"工作面板上选择"PCB_ Project1. PrjPcb"名称，在主菜单中选择"文件"→"保存工程为"命令打开如图 5 – 78 所示"Save［］As... "对话框。

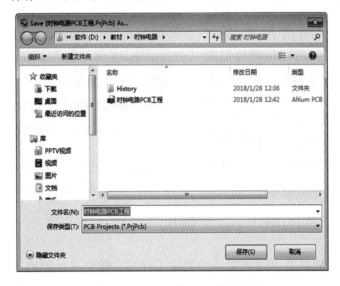

图 5 – 78　"Save［］As... "对话框

⑨在"Save［］As... "对话框的"文件名"编辑框中输入"时钟电路 PCB 工程"，将保存地址改为本设计的文件夹地址，单击"保存"按钮将 PCB 项目文件保存为"时钟电路 PCB 工程 . PrjPcb"。

⑩在"Projects"工作面板上选择"工作台"，在弹出菜单中选择"保存设计工作区"，或者在主菜单中选择"文件"→"保存设计工作区为"命令打开如图 5 – 79 所示"Save［］As... "对话框。

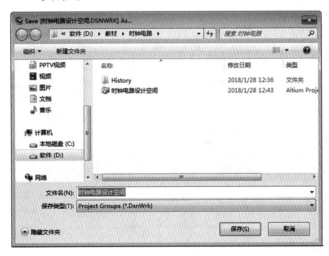

图 5 – 79　"Save［］As... "对话框

163

⑪在"Save［］As…"对话框的"文件名"编辑框填上"时钟电路设计空间"，单击"保存"按钮保存该工作空间为"时钟电路设计空间. DsnWrk"。创建完成后"Projects"工作面板上显示的项目结构如图5－80所示。要注意的一点是，后缀". DsnWrk"". PrjPcb"及". SchDoc"的后面是否有"＊"，如果有"＊"，则代表文件修改后没有保存，文件保存后"＊"会自动消失。

图5－80 "Projects"工作面板上显示的项目结构

5.3.2 设置图纸尺寸及版面

完成 PCB 项目及原理图文件的创建工作后，就要进行原理图的绘制工作。绘制原理图首先是定义原理图纸的尺寸及版面。本实例将调用前面章节介绍的原理图模板，其具体操作步骤如下：

①在"Projects"工作面板上双击新建的"时钟电路原理图. SchDoc"文件名称将其在工作区打开，然后在主菜单中选择"设计"→"模板"→"设置文件模板名称模板"命令打开"打开"对话框，如图5－81所示。

图5－81 "打开"对话框

②在"打开"对话框中选择 2.4.1 小节中创建的文档模板文件"A4 模板
.SchDot",单击"打开"按钮打开如图 5-82 所示的"更新模板"对话框。

图 5-82　"更新模板"对话框

③在"更新模板"对话框中选择"仅仅该文档"和"仅为存在于模板添加新参
数"项,单击"确定"按钮更新原理图文件的模板。

原理图模板更新完毕后,系统会显示如图 5-83 所示的"Information"消息框,
提示已更新模板。单击"确定"按钮关闭该消息框即可。

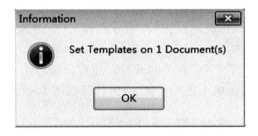

图 5-83　"Information"消息框

应用了模板后,原理图如图 5-84 所示,其幅面大小变为"A4",标题栏变
为与模板中一样的形式。

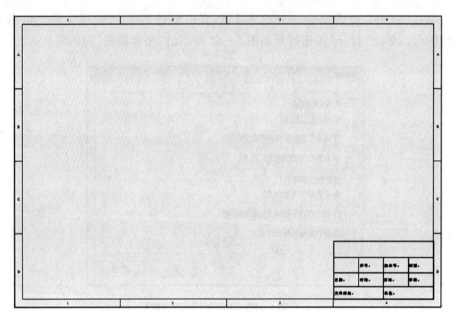

图 5 - 84　应用模板后的原理图

5.3.3　创建元件库

在绘制原理图时，应先布置核心器件。本设计实例中，核心器件是 89C52 单片机芯片，在系统默认加载的器件库中并没有该元件，需要查找并加载对应的元件库，具体操作步骤如下：

①单击工作区右侧的"库"标签打开"库"工作面板。

②单击"库"工作面板上的"搜索"按钮打开如图 5 - 85 所示的"搜索库"对话框。

图 5 - 85　"搜索库"对话框

③在"搜索库"对话框上部的编辑框内输入"89C52"，在"范围"选项区域中选
择"库文件路径"单选项，在"路径"选项区域的"路径"编辑框内输入元件库目录
的路径"D：\ 教材 \ xiu"，单击"搜索"按钮开始搜索。

搜索完毕后，"库"工作面板将显示所有与关键字"89C52"相关的搜索结果，
如图 5 – 86 所示。

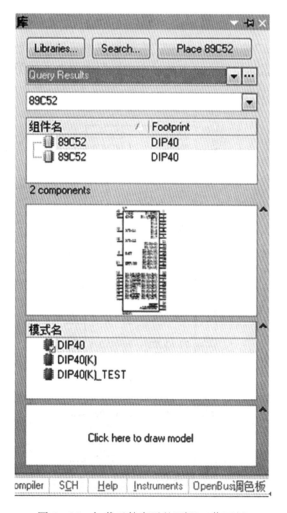

图 5 – 86　加载元件库后的"库"工作面板

④从"库"工作面板内显示的搜索结果列表中找出原理图中需要的型号为
"89C52"的器件，双击该器件的名称打开如图 5 – 87 所示的"Confirm"消息框，提
示用户，包含"89C52"器件的元件库"流水灯原理图 . SCHLIB"尚未加载，并询问
是否加载。

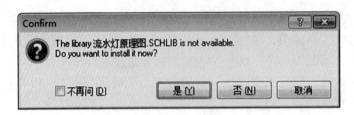

图 5 – 87　"Confirm"对话框

⑤单击"Confirm"对话框中的"是"按钮加载该元件库。此时"89C52"器件已被选中，并吸附在鼠标指针上，等待被布置到原理图上，如图 5 – 88 所示。

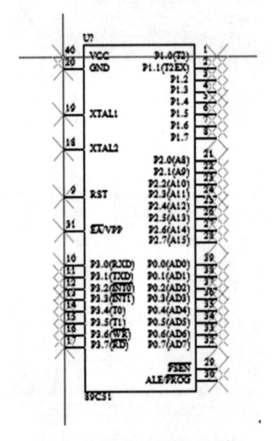

图 5 – 88　鼠标指针上的"89C52"器件

虽然通过上述步骤元件"C89C52"原理图库可以加载到原理图中，但是我们还未通过库编辑器创建自己的单元库。如果设计包含不常用的元器件，系统默认的单元库又没有对应的原理图库，就需要自己建立一个单元库，并分别创建不同的电路原理图的元件符号。

首先看一下 STC8952RC 用户手册中的芯片引脚图，如图 5 – 89 所示。

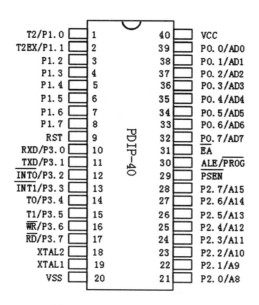

图 5 - 89　STC89C52RC 引脚图

引脚图是按照实物引脚顺序排列的，如果按照这样的顺序创建元件符号来表达逻辑关系，原理图就较难读懂了。所以要根据信号走向和其他元器件的排列方式来确定元件符号中各个引脚的排列。元件符号制作的基本流程如图 5 - 90 所示。

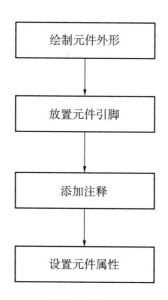

图 5 - 90　制作元件符号的基本步骤

下面创建一个 STC89C52 元件符号，具体步骤如下：

①选择"文件"→"新建"→"库"→"原理图库",在新建的项目"时钟电路 PCB 工程. PrjPcb"中新建一个原理图元件库,并命名为"时钟电路元件库",如图 5 – 91 所示。

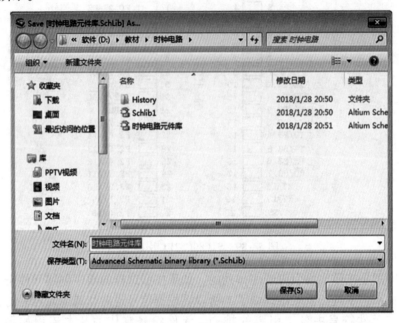

图 5 – 91　新建"时钟电路元件库. PcbLib"

②选择"放置"→"矩形",或者工具栏 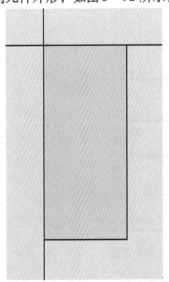 中选择 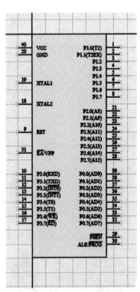,在第 4 象限的原点附近绘制元件外形,如图 5 – 92 所示。

图 5 – 92　绘制元件外形

图 5 – 93　放置元件引脚

③选择"放置"→"引脚"，或者工具栏 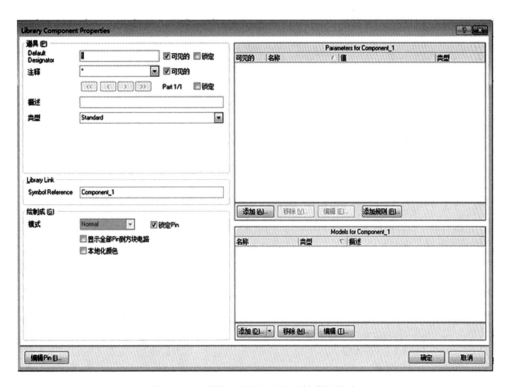 中选择 $\textbf{1o}$ ，放置管脚，并给引脚命名，显示名称为"功能名"，指定者为"数字"。在每个需要加上画线的字母后面加上"＼"，名称上就会添加上画线，如图 5 – 93 所示。

④在窗口左侧面板工作区选中"Library Editor"工作框，单击组件"Component_1"编辑按钮，进入"Library Component Properties"窗口设置元件属性，将"Deault Designator"设置为"U?"，"注释"设置为"STC89C52"，"Library Link"中"Symbol Reference"设置为"STC89C52"，如图 5 – 94 所示。

图 5 – 94　设置元件注释和元件库链接名

⑤选择"文件"→"保存"将原理图库名存为"时钟电路元件库 . SchLib"，如图 5 – 95 所示。

171

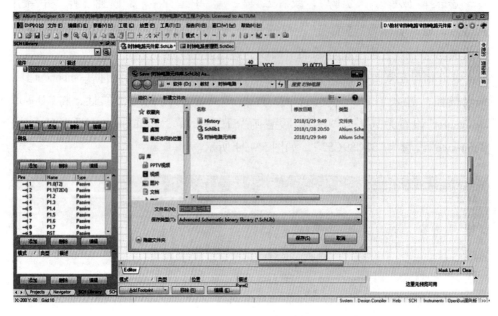

图 5 – 95 保存时钟电路元件库

接下来创建一个 7SEG_2 元件符号，具体步骤如下：

①在窗口左侧面板工作区选中"Library Editor"工作框，在"组件"窗口选择"添加"按钮，在"New Component Name"输入窗口输入"7SEG_2"，点击"确定"。

②选择"文件"→"打开"，在 Altium Designer 安装目录下找到"Miscellaneous Devices"库文件，单击"打开"按钮，在"吸收源或者安装"窗口选择"摘录源信息"，如图 5 – 96 所示。打开"Miscellaneous Devices"库文件，在库文件的"SchLib"文件中找到 Dpy Amber – CA 元件，将其图形拷贝到新建的 7SEG_2 文件中，如图 5 – 97 所示。

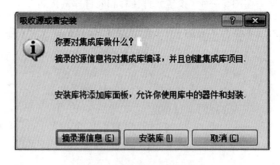

图 5 – 96 吸收源或者安装窗口

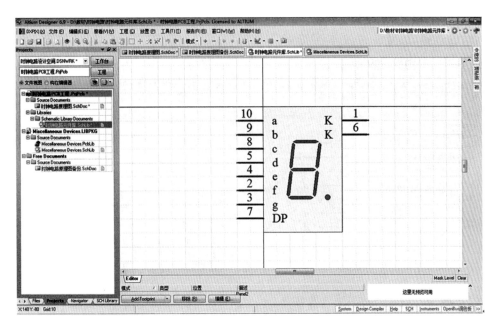

图 5 - 97 拷贝 Dpy Amber – CA 元件外形到新建文件中

③在 Dpy Amber – CA 元件外形基础上对 7SEG_2 元件外形进行绘制。将引脚移开，并复制一个外形，如图 5 - 98 所示。

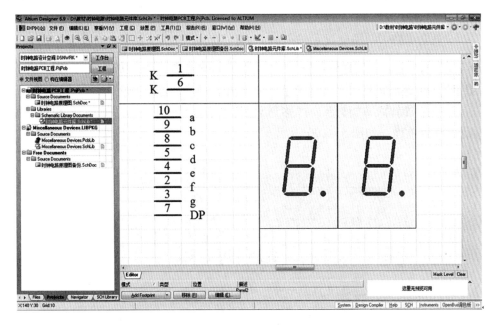

图 5 - 98 复制外形

④为 7SEG_2 元件添加引脚。将所有引脚移开，并复制一个外形。

⑤选择"放置"→"文本字符串"，或者工具栏 选择字符 **A**，放置 a～f 和"dp"，如图 5-99 所示。

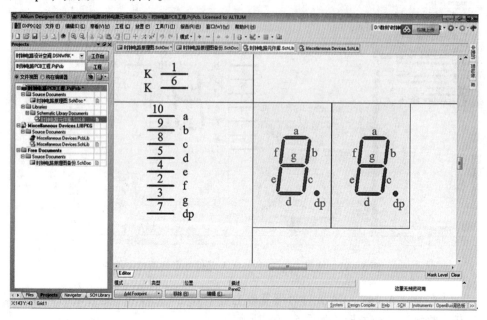

图 5-99　放置字符串

⑥根据规格书顺序放置元件引脚。选择"放置"→"引脚"，或者工具栏 中选择引脚 ，放置管脚，并给引脚命名，显示名称为"功能名"，指定者为 "数字"。在每个需要加上画线的字母后面加上" \ "，名称上就会添加上画线。

⑦选择"编辑"→"移动"→"移到前面"，鼠标单击每一个引脚，将引脚显示 在所有图片前面，如图 5-100 所示。

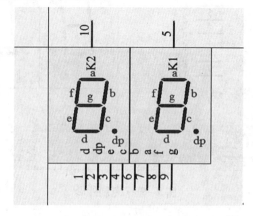

图 5-100　放置并将元件引脚显示在最前面

174

⑧在窗口左侧面板工作区选中"Library Editor"工作框，单击组件"7SEG_2"编辑按钮进入"Library Component Properties"窗口，设置元件属性，将"Deault Designator"设置为"U?"，"注释"设置为"7SEG_2"，"Library Link"中"Symbol Reference"设置为"7SEG_2"，如图 5 - 101 所示。

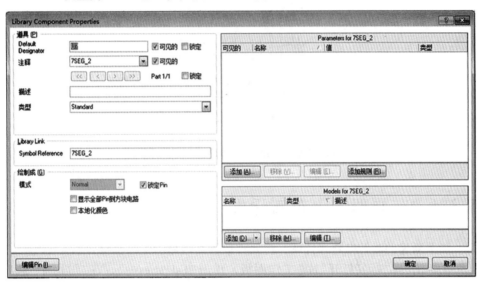

图 5 - 101　设置元件注释和库链接

⑨选择"文件"→"保存"，保存为"时钟电路元件库.SchLib"，如图 5 - 102所示。

图 5 - 102　保存时钟电路元件库

最后创建 MAX232ACPE 元件符号，如图 5 – 103 所示。由于创建方法与 STC89C52 相似，所以这里不再讲述。

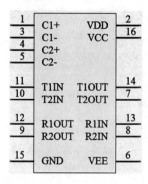

图 5 – 103　创建 MAX232ACPE 元件符号

5.3.4　在原理图上布置元件

加载新建的时钟电路元件库，将元件放置到电路图中，步骤如下：

①单击"库"标签打开"库"工作面板，单击"Labraries…"，在"可用库"选项卡下选择"安装"按钮，选择新建的时钟电路元件库的路径"D：\ 教材 \ 时钟电路"，文件类型选择"SCHLIB"，选择"时钟电路元件库"。可以看到新建库已经加入到已安装库中，如图 5 – 104 所示。

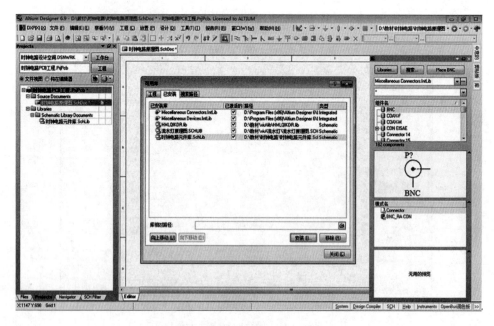

图 5 – 104　装载新建的时钟电路元件库

②在"库"工作面板的元件列表中选择"STC89C52"元件，如图 5 - 105 所示。

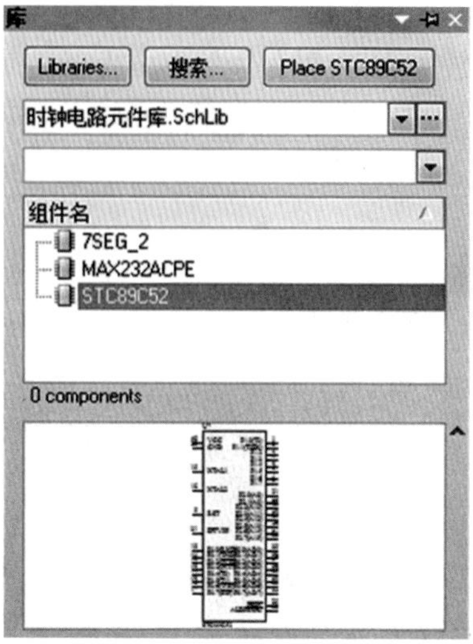

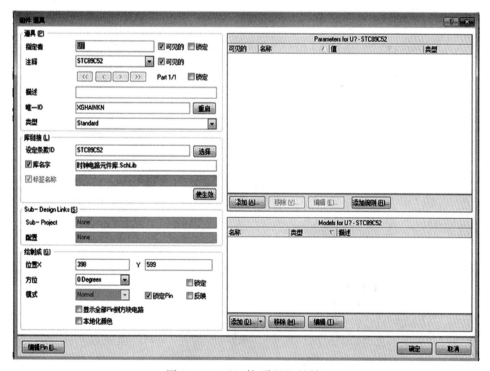

图 5 - 105　选择"STC89C52"元件

③双击元件列表中的"STC89C52"元件名称，鼠标指针上将吸附一个"STC89C52"元件的原理图符号。

④单击键盘的 Tab 键打开如图 5 - 106 所示的"组件 道具"对话框。

图 5 - 106　"组件 道具"对话框

⑤在"组件 道具"对话框的"道具"区域内的"指定者"编辑框中输入"U3"，单击"确定"按钮将元件编号为"U3"。

⑥在主菜单中选择"放置"→"器件"命令，或者在工具栏中选择布置元器件工具按钮 ⌖。布置完所有元件后对元件进行编号，如图5-107所示。

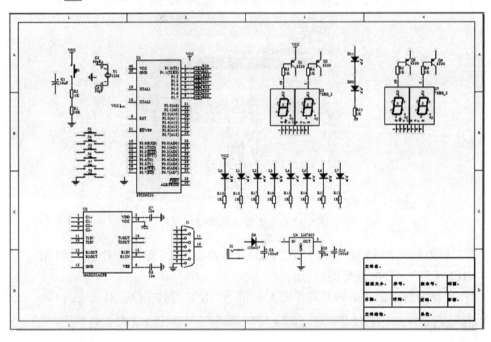

图5-107　布置所有元件后的原理图

⑦单击快捷工具栏中的添加总线引入线工具按钮 ↖，在原理图中添加如图5-108所示的总线引入线。

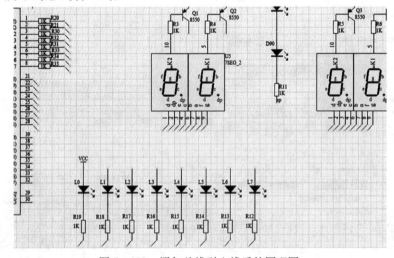

图5-108　添加总线引入线后的原理图

　　添加总线引入线后，实际上并没有在元器件之间建立任何连接关系。为确定连接关系，还需要添加网络标签。

　　⑧接下来开始原理图布线，单击快捷工具栏中的添加总线工具按钮 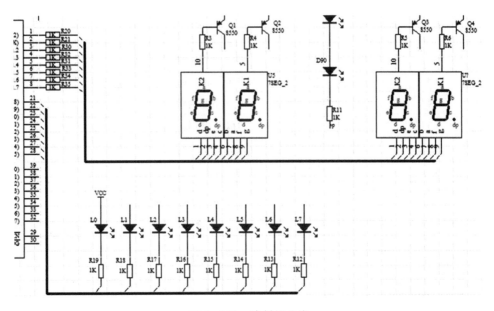，在原理图中绘制如图 5-109 所示的总线。

图 5-109　绘制的总线

　　⑨单击快捷工具栏中的添加网络标签工具按钮 **Net1**，然后单击键盘 Tab 键打开"网络标签"对话框，在"网络"编辑框内输入网络标签的名称"a"，单击"确定"按钮关闭"网络标签"对话框。

　　⑩在元件"R20"的右侧单击鼠标左键，布置一个名称为"a"的网络标签。

　　⑪按照步骤⑨～⑩介绍的方法布置其他的网络标签。本例中网络标签的名称和位置如表 5-3 所示。布置好总线的电路图如图 5-110 所示。

表 5-3　网络标签布置表

网络标签名称	布置的位置		
a	R20 右侧引脚	元件"U5"的第 7 脚	元件"U6"的第 7 脚
b	R21 右侧引脚	元件"U5"的第 6 脚	元件"U6"的第 6 脚
c	R30 右侧引脚	元件"U5"的第 4 脚	元件"U6"的第 4 脚
d	R32 右侧引脚	元件"U5"的第 1 脚	元件"U6"的第 1 脚
e	R31 右侧引脚	元件"U5"的第 3 脚	元件"U6"的第 3 脚
f	R33 右侧引脚	元件"U5"的第 8 脚	元件"U6"的第 8 脚

续表 5 – 3

网络标签名称	布置的位置		
g	R34 右侧引脚	元件"U5"的第 9 脚	元件"U6"的第 9 脚
Dp	R35 右侧引脚	元件"U5"的第 2 脚	元件"U6"的第 2 脚
L0	元件"U1"的第 21 脚	R19 下侧引脚	
L1	元件"U1"的第 22 脚	R18 下侧引脚	
L2	元件"U1"的第 23 脚	R17 下侧引脚	
L3	元件"U1"的第 24 脚	R16 下侧引脚	
L4	元件"U1"的第 25 脚	R15 下侧引脚	
L5	元件"U1"的第 26 脚	R14 下侧引脚	
L6	元件"U1"的第 27 脚	R13 下侧引脚	
L7	元件"U1"的第 28 脚	R12 下侧引脚	

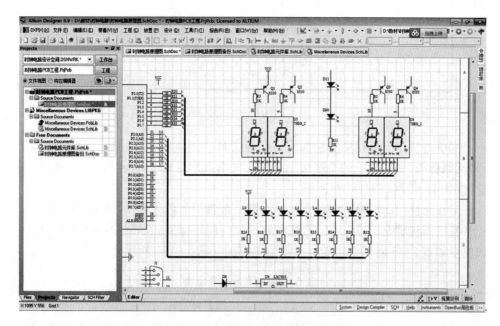

图 5 – 110　布置完网络标签的总线连接

⑫单击快捷工具栏中的布置导线工具按钮 ≋，按照图 5 – 111 所示将各元件用导线连接起来，并在导线上布置网络标签。

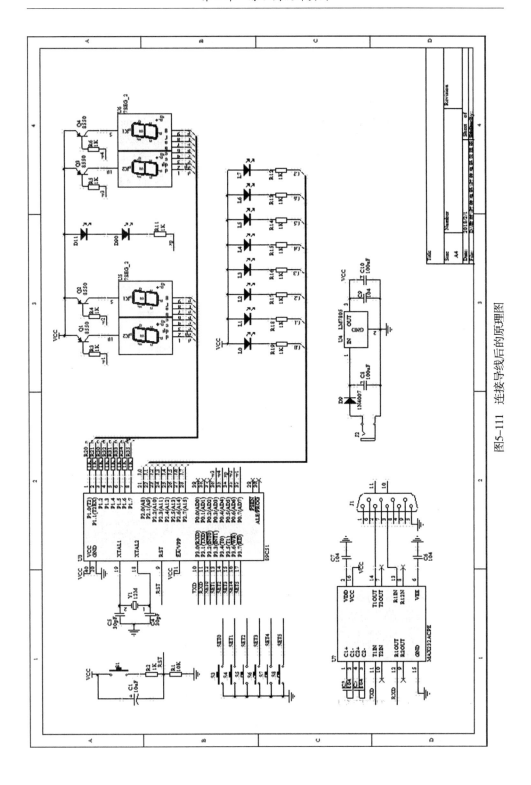

图5-111　连接导线后的原理图

5.3.5　原理图编译

选择左下角 Projects 面板，右键点击 SchDoc 原理图文件，选择"Compile Document 时钟电路原理图 . SchDoc"编辑当前文档，或使用"工程"→"Compile Document 时钟电路原理图 . SchDoc"编译当前文档。此外还可以对工程文件进行编译：选择右键单击"时钟电路 PCB 工程 . PrjPCB"，或使用"工程"→"Compile PCB Project 时钟电路 PCB 工程 . PrjPCB"编译当前工程。如果有错误或警告，会在弹出的 Messages 框中显示。双击错误连接会跳转到错误处，对相应的错误进行修改…反复编译修改直至没有错误。最后结果如图 5 - 112 所示。

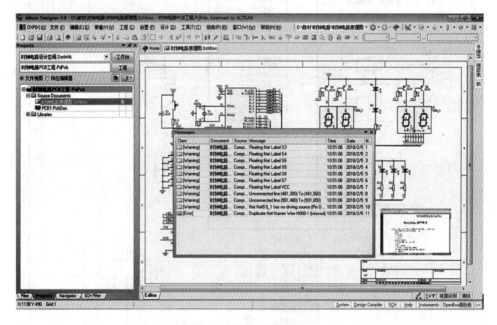

图 5 - 112　原理图编译

如果系统不显示"Messages"窗口，可以选择主菜单"察看"→"工作区面板"→"System"→"Messages"命令打开"Messages"窗口。

5.3.6　生成报表

原理图校对结束后，用户可利用系统提供的各种报表生成服务模块创建各种报表，例如网络表、元件报表等，为后续的 PCB 板设计做好准备。

使用"设计"→"工程的网络表"→"Protel"生成网络表，如图 5 - 113 所示。

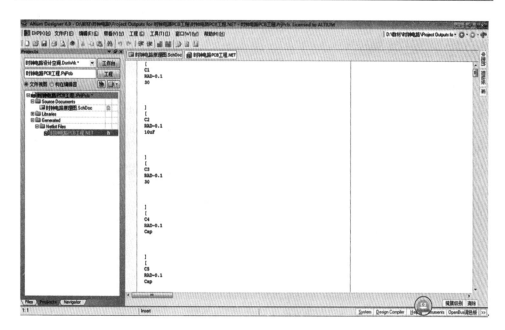

图 5 - 113　生成网络表

使用"报告"→"Bill of Materals"生成元件报表。由于我们还没有开始进行 PCB 设计，所以其中有些元件的 PCB 封装还不正确。BOM 报表如图 5 - 114 所示。

图 5 - 114　生成元件报表

5.3.7　图纸输出

图纸完成后，接下来要做的就是存档和输出了，步骤如下：

①在主菜单中选择"文件"→"全部保存"命令将所有文件存盘。

②在主菜单中选择"文件"→"页面设计"命令打开如图 5 – 115 所示的"Schematic Print Properties"对话框。

图 5 – 115　"Schematic Print Properties"对话框

③在"Schematic Print Properties"对话框的"打印机纸张"区域内选择"风景"项，设置打印方向为竖直打印，单击"打印机设置"按钮，打开如图 5 – 116 所示的"Printer Configuration for［Documentation Outputs］"对话框。

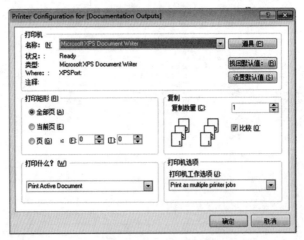

5 – 116　"Printer Configuration for［Documentation Outputs］"对话框

④在"Printer Configuration for［Documentation Outputs］"对话框的"打印机"区域内的"名称"下拉列表中选择已安装的打印机设备。

⑤单击"确定"按钮关闭该对话框，然后单击"Schematic Print Properties"对话框中的"预览"按钮打开如图 5 – 117 所示的"Preview Schematic Prints of [ ]"窗口。

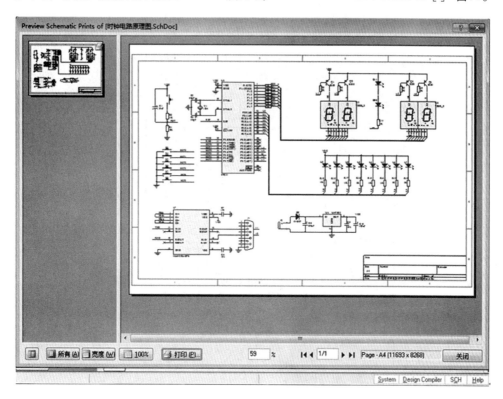

图 5 – 117 "Preview Schematic Prints of [ ]"窗口

⑥经预览检查合格后，单击"Preview Schematic Prints of [ ]"窗口中的"打印"按钮开始打印。

5.4 实例 4：脉冲可调恒流充电器（B 型）

本节将介绍一款以 NE555 为核心器件的脉冲可调恒流充电器。这款设计的所有元件都是贴片元件，虽然 PCB 设计过程中会有些差别，但是原理图设计与前三节的电路没有太大区别。电路原理图如图 5 – 118 所示。

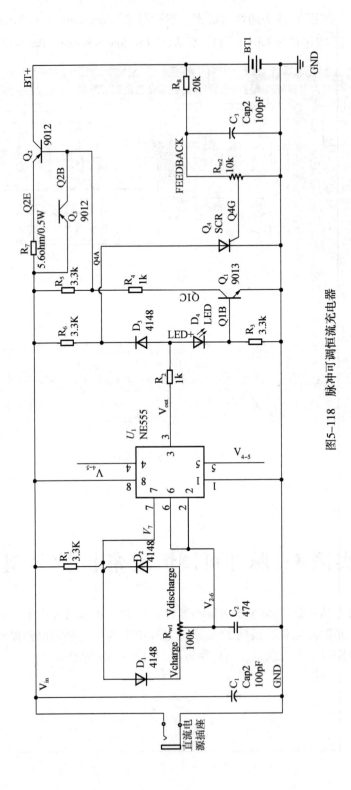

图5-118 脉冲可调恒流充电器

186

5.4.1　新建项目文档

在进行原理图设计之前需要新建一个设计工作区和一个 PCB 项目文档。具体步骤如下：

①建立一个工程设计的文件夹，以便未来工程文件的管理。本设计文件夹地址为"D：\ 教材 \ 充电器"。

②单击桌面"开始"按钮，在弹出的菜单中选择"Altium Designer"图标启动 Altium Designer。

③选择"文件"→"新建"→"设计工作区"，创建默认名称为"Workspace1. DsnWrk"的设计工作区。

④选择"文件"→"新建"→"工程"→"PCB 工程"，或者单击"Projects"工作面板上的"工作台"按钮，在弹出的菜单中选择"添加新的工程"→"PCB 工程"命令，在当前工作空间中添加了一个默认名为"PCB_Project1. PrjPcb"的 PCB 项目文件。

⑤选择"文件"→"新建"→"原理图"，或者单击"Projects"工作面板中的"工程"按钮，在弹出的菜单中选择"给工程添加新的"→"Schematic"命令，在新建的 PCB 项目中添加一个默认名为"Sheet1. SchDoc"的原理图文件。

⑥在主菜单中选择"文件"→"保存"命令，或者单击工具栏中的保存工具按钮打开如图 5 – 119 所示的"Save [ ] As... "对话框。

图 5 – 119　"Save [ ] As... "对话框

⑦在"Save [ ] As... "对话框的"文件名"编辑框中输入"脉冲可调恒流充电器原理图"，将保存地址改为本设计的文件夹地址，单击"保存"按钮将原理图文件

存为"脉冲可调横流充电器原理图. SchDoc"。

⑧在"Projects"工作面板上选择"PCB_Project1. PrjPcb"名称，在主菜单中选择"文件"→"保存工程为"命令打开如图 5 – 120 所示"Save［］As..."对话框。

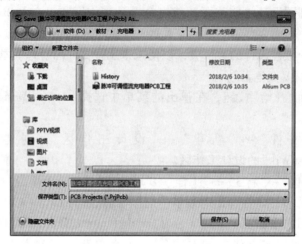

图 5 – 120 "Save［］As..."对话框

⑨在"Save［］As..."对话框的"文件名"编辑框中输入"脉冲可调恒流充电器 PCB 工程"，将保存地址改为本设计的文件夹地址，单击"保存"按钮将 PCB 项目文件保存为"脉冲可调恒流充电器 PCB 工程. PrjPcb"。

⑩在"Projects"工作面板上选择"工作台"，在弹出菜单中选择"保存设计工作区"，或者在主菜单中选择"文件"→"保存设计工作区为"命令打开如图 5 – 121 所示"Save［］As..."对话框。

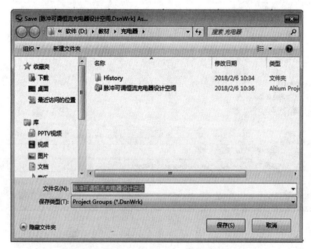

图 5 – 121 "Save［］As..."对话框

⑪在"Save [ ] As..."对话框的"文件
名"编辑框中输入"脉冲可调恒流充电器
设计空间",单击保存按钮保存该工作空
间为"脉冲可调恒流充电器设计空间.
DsnWrk"。创建完成后"Projects"工作面板
上显示的项目结构如图 5 - 122 所示。要
注意的一点是后缀".DsnWrk"".PrjPcb"
及".SchDoc"的后面是否有" * ",如果有
" * ",则代表文件修改后没有保存。文
件保存后" * "会自动消失。

图 5 - 122　"Projects"工作面板上
显示的项目结构

5.4.2　设置图纸尺寸及版面

完成 PCB 项目及原理图文件的创建工作后,就要进行原理图的绘制工作。
首先定义原理图纸的尺寸及版面,本实例中将调用前面章节介绍的原理图模板,
其具体操作步骤如下:

(1)在"Projects"工作面板上双击新建的"脉冲可调恒流充电器电路图.
SchDoc"文件名称,将其在工作区打开,然后在主菜单中选择"设计"→"模板"→
"设置文件模板名称模板"命令打开"打开"对话框,如图 5 - 123 所示。

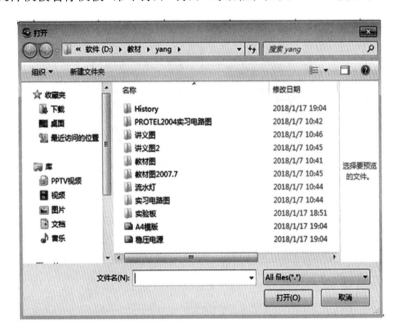

图 5 - 123　"打开"对话框

（2）在"打开"对话框中选择 2.4.1 小节中创建的文档模板文件"A4 模板.SchDot"，单击"打开"按钮，打开如图 5－124 所示的"更新模板"对话框。

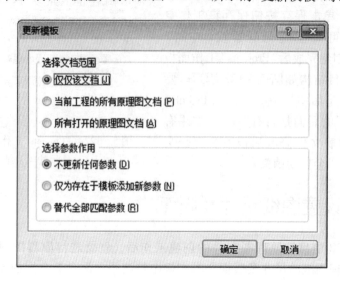

图 5－124　"更新模板"对话框

（3）在"更新模板"对话框中选择"仅仅该文档"和"仅为存在于模板添加新参数"项，单击"确定"按钮更新原理图文件的模板。

原理图模板更新完毕后，系统会显示如图 5－125 所示的"Information"消息框，提示已更新模板。单击"确定"按钮关闭该消息框即可。

图 5－125　"Information"消息框

应用了模板后，原理图如图 5－126 所示，其幅面大小变为"A4"，标题栏变为与模板中一样的形式。

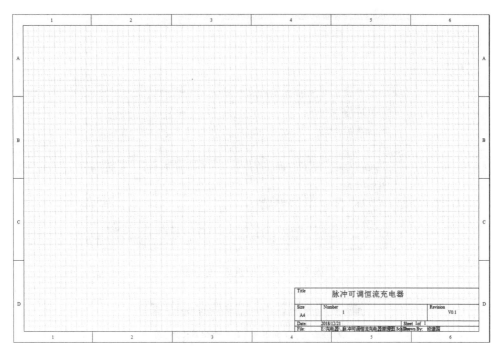

图 5 – 126　应用模板后的原理图

5.4.3　加载元件库

设置好图纸模板后，接下来就将进入真正的原理图设计内容了，通常电路由少数几个核心器件以及周边的附属器件组成。在绘制原理图时，应先布置核心器件。本设计实例中，核心器件是型号为 NE555 的芯片。在系统默认加载的器件库中并没有该元件，需要查找并加载对应的元件库，具体操作步骤如下：

①单击工作区右侧的"库"标签，打开"库"工作面板。

②单击"库"工作面板上的"Search…"按钮打开如图 5 – 127 所示的"搜索库"对话框。

③在"搜索库"对话框上部的编辑框内输入"NE555"，在"范围"选项区域中选择"库文件路径"单选项，在"路径"选项区域的"路径"编辑框内输入系统的元件库目录的路径，本书元件库目录为"D：\教材\xiu"，单击"Search"按钮开始搜索。

搜索完毕后，"库"工作面板将显示所有与关键字"NE555"相关的搜索结果，由于实例 2 防盗报警器库中已经创建了"NE555"元件，所以我们可以搜索到"NE555"，如图 5 – 128 所示。

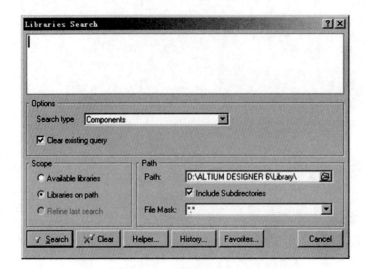

图 5 – 127 "搜索库"对话框

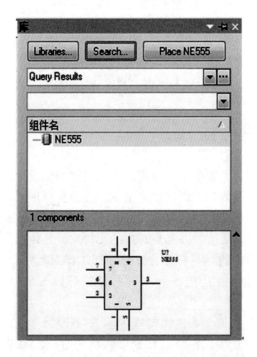

图 5 – 128 搜索元件库后的"库"工作面板

④从"库"工作面板内显示的搜索结果列表中找出原理图中需要的，型号为 "NE555"的器件，双击该器件的名称打开如图 5 – 129 所示的"Confirm"消息框，提示用户，包含"NE555"器件的元件库"防盗报警器原理图库 . SchLib"尚未被加载，并询问是否马上加载。

图 5 - 129　"Confirm"对话框

⑤加载元件库，选中"防盗报警器原理图库"，在库中选中"NE555"器件，并吸附在鼠标指针上，等待被布置到原理图上，如图 5 - 130 所示。

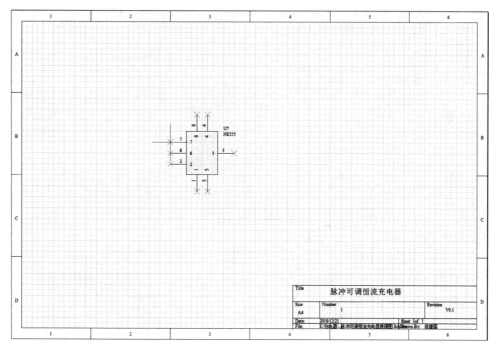

图 5 - 130　鼠标指针上的"NE555"器件

⑥单击键盘上的 Tab 键打开如图 5 - 131 所示的"组件 道具"对话框。

⑦在"组件 道具"对话框中的"指定者"编辑框内输入"U1"，将该元件的编号设置为"U1"，单击"确定"按钮关闭"组件 道具"对话框。

⑧在原理图图纸中间偏左侧的空白处单击鼠标左键布置一个编号为"U1"的"NE555"器件，然后单击鼠标右键结束"NE555"器件的布置。

由于在原理图中使用的其他附属电路的元件均在系统默认加载的"Miscellaneous Devices. IntLib"元件库中，所以无须再加载新的元件库。

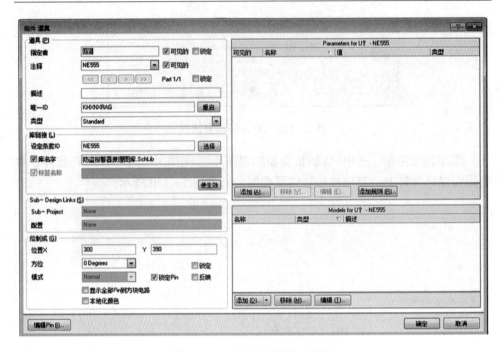

图 5 - 131　"组件 道具"对话框

5.4.4　在原理图上布置其他元件

加载所需的元件库后,接下来要在原理图中放置元件了。

放置 8 颗电阻(R1 ~ R8)的步骤如下:

①单击"库"标签打开"库"工作面板,在元件库列表中选择"Miscellaneous Devices. IntLib"。

②在"库"工作面板的元件列表中选择"Res2"器件,如图 5 - 132 所示。

③双击元件列表中的"Res2"器件名称,鼠标指针上将吸附一个"Res2"器件的原理图符号,如图 5 - 133 所示。

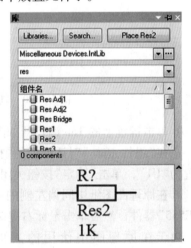

图 5 - 132　选择"Res2"器件

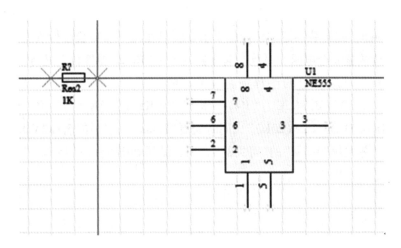

图 5 - 133　放置"Res2"器件

④单击键盘的 Tab 键打开如图 5 - 134 所示的"组件 道具"对话框。

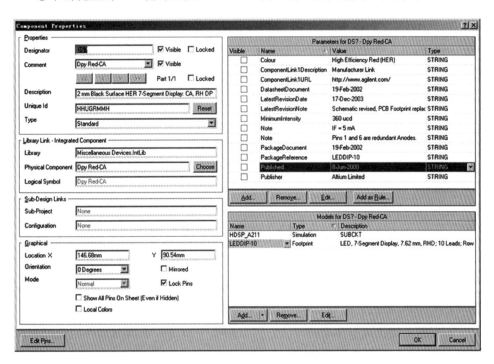

图 5 - 134　"组件 道具"对话框

⑤在"组件 道具"对话框的"道具"区域内的"指定者"编辑框中输入"R1"，"注释"编辑框中输入"1K"，单击"确定"按钮将器件编号为"R1"，注释为"3.3K"，同时将"Parameters for R1 - Res2"栏的名称"Value"的值变更为注释一样

的标称值"3.3K"。"Res2"的 Footprint（封装）是 AXIAL － 0.4：0.4 是英制单位，大约为 10mm。此封装满足本设计的要求，所以在此不对封装进行改变。

⑥连续放置 8 个电阻，系统会对布置的 8 个"Res2"器件自动进行编号。根据需要输入每个对应编号的注释项。编辑好的编号（注释）分别为"R1（3.3K）" "R2(1K)" "R3（3.3K）" "R4（1K）" "R5（3.3K）" "R6（2.3K）" "R7(5.6Ω/0.5W)" "R8(20K)"，同时变更"Parameters"栏的名称"Value"的值为注释的值，并关掉"Value"的"可见的"选项，结果如图 5 – 135 所示。

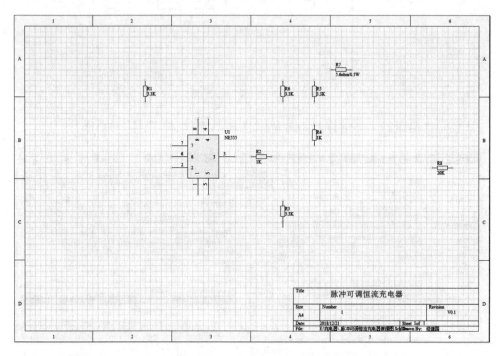

图 5 – 135　布置 7 个"Res2"电阻后的原理图

⑦在"库"面板中的" Miscellaneous Devices. IntLib"元件库中选择名称为"Cap2"的电容元件，将 1 个电解电容布置到原理图中，编辑好编号、注释，变更"Parameters"栏的名称"Value"的值。

⑧按照上述步骤中介绍的方法，在电路图中添加其他所有元件、电源和地。添加完这些元件后的电路图如图 5 – 136 所示。

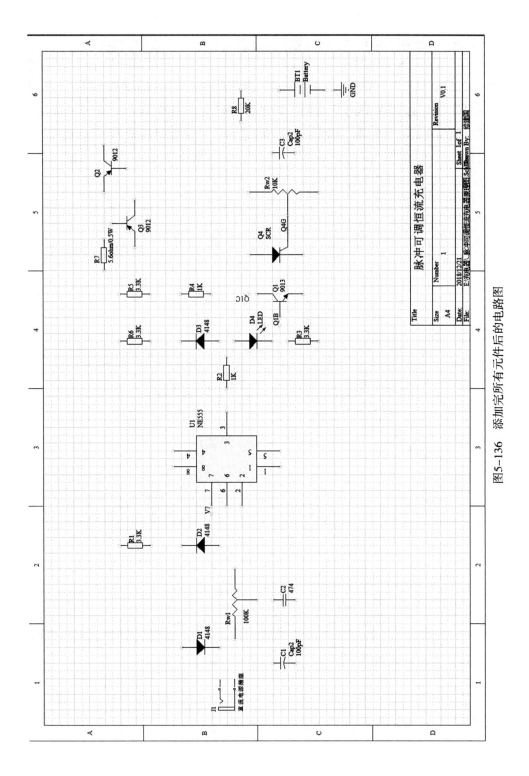

图5-136　添加完所有元件后的电路图

197

5.4.5 在原理图上布线

①选择"放置"→"线",或单击快捷工具栏中的布置导线工具按钮 ≋ ,将各元件用导线连接起来,连接完线路后的电路图如图 5－137 所示。其中可能会出现两条线相交汇时的处理。我们可以选择"工具"→"设置原理图参数",进入"参数设置"框。勾选"Schematic"→"General"中的"转换十字交叉"和"显示 Cross－Overs"选项,具体设置如图 5－138 所示。

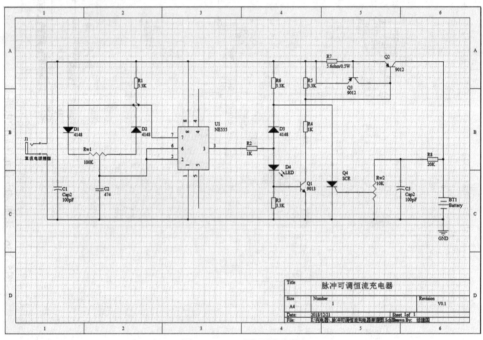

图 5－137　原理图连线

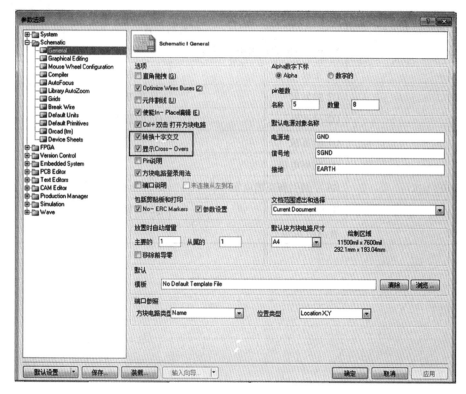

图 5 – 138　交汇连线设置

②选择"放置"→"网络标号"，或者单击快捷工具栏中的添加网络标签工具按钮 **Net1**，然后单击键盘 Tab 键打开"网络标签"对话框，在"网络"编辑框内输入网络标签的名称"Q2E"，单击"确定"按钮关闭"网络标签"对话框。

③在元件"J1"正极连线上单击鼠标左键，布置一个名称为"V"的网络标签。

④按照步骤②～③介绍的方法布置其他的网络标签。本例中网络标签的名称和位置如表 5 – 4 所示，完成的电路图如图 5 – 139 所示。

表 5 – 4　网络标签布置表

网络标签名称	布置的位置	
Vin	直流电源输入	NE555 电源输入第 8 引脚
V4 – 5	NE555 第 4、5 引脚	
V7	NE555 放电功能第 7 引脚	
Vdischarge	D1 负极	Rw1 左侧引脚
Vcharge	D2 正极	Rw1 右侧引脚
V2 – 6	NE555 比较功能第 2、6 引脚	Rw1 可调端引脚

续表 5 – 4

网络标签名称	布置的位置	
Vout	NE555 矩形波输出第 3 引脚	
LED +	D4 正极	D3 正极
Q2E	Q2 的发射	Q3 的基极
Q2B	Q2 的基极	Q3 的集电极
Q1B	Q1 的基极	
Q1C	Q1 的集电极	
FEEDBACK	R8 左侧引脚反馈电压	Rw4 上面引脚
BT +	Battery 正极	Q2 的集电极
GND	直流电源地	

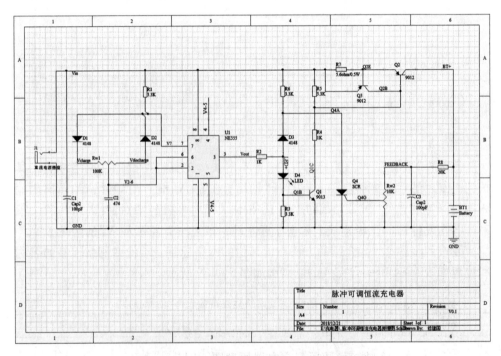

图 5 – 139　连接导线并放置网络名称后的原理图

到这里，原理图的电气部分已经绘制完成了。为了让原理图的使用者能更清晰地了解原理图的功能，还须要添加一些注释。

⑤选择"放置"→"文本字符串"，或者单击快捷工具栏中的绘图工具按钮 ，在弹出的绘图工具栏中选择添加注释工具按钮 **A**，单击键盘 Tab 键打开

"注释"对话框。

⑥在"注释"对话框内的"道具"选项区域中的"文本"编辑框中输入"本设计所有元件均为贴片式元件"，单击"确定"按钮关闭该对话框，然后在电路图下方单击鼠标左键，布置注释文本。

添加注释后的原理图如图 5 - 140 所示。

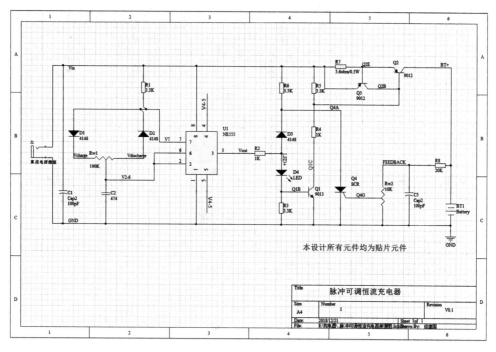

图 5 - 140　添加注释后的原理图

5.4.6　原理图编译

选择左下角 Projects 面板，右键点击 SchDoc 原理图文件，选择 Compile Document"脉冲可调恒流充电器原理图 . SchDoc"编辑当前文档；或使用"工程"→"Compile Document 脉冲可调恒流充电器原理图 . SchDoc"编译当前文档。此外还可以对工程文件进行编译，选择右键单击"脉冲可调恒流充电器 PCB 工程 . PrjPCB"，或使用"工程"→"Compile PCB Project 脉冲可调恒流充电器 PCB 工程 . PrjPCB"编译当前工程。如果有错误或警告，会在弹出的 Messages 框中显示。双击错误连接，会跳转到错误处，对相应的错误进行修改，反复编译修改，直至没有错误，如图 5 - 141 所示。

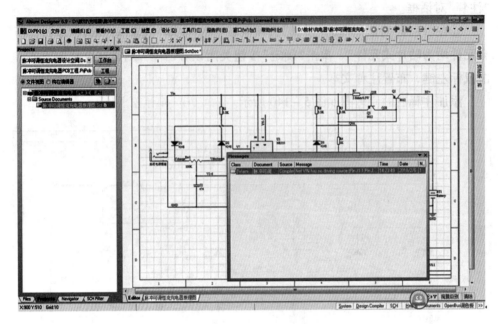

图 5 – 141　原理图编译

如果系统不显示"Messages"窗口，可以选择主菜单"察看"→"工作区面板"→
"System"→"Messages"命令，打开"Messages"窗口。

5.4.7　生成报表

原理图校对结束后，用户可利用系统提供的各种报表生成服务模块创建各种
报表，例如网络表、元件报表等，为后续的 PCB 板设计做好准备。

使用"设计"→"工程的网络表"→"Protel"生成网络表，如图 5 – 142 所示。

使用"报告"→"Bill of Materals"生成元件报表。由于我们还没有开始进行
PCB 设计，所以其中有些元件的 PCB 封装还不正确。BOM 报表如图 5 – 143
所示。

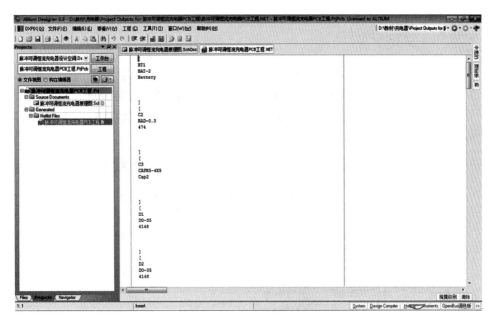

图 5 – 142　生成网络表

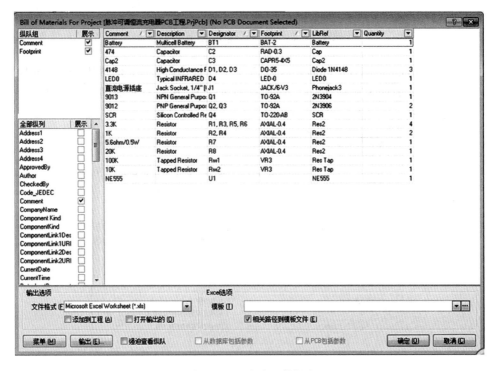

图 5 – 143　生成元件报表

5.4.8　图纸输出

图纸完成后，接下来要做的就是存档和输出了，步骤如下：

①在主菜单中选择"文件"→"全部保存"命令，将所有文件存盘。

②在主菜单中选择"文件"→"页面设计"命令打开如图 5 - 144 所示的"Schematic Print Properties"对话框。

图 5 - 144 "Schematic Print Properties"对话框

③在"Schematic Print Properties"对话框的"打印机纸张"区域内选择"风景"项，设置打印方向为竖直打印，单击"打印机设置"按钮打开如图 5 - 145 所示的"Printer Configuration for [Documentation Outputs]"对话框。

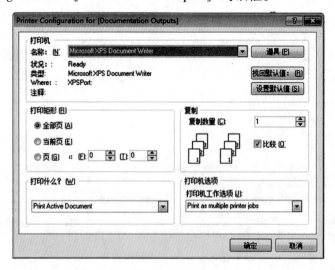

图 5 - 145 "Printer Configuration for [Documentation Outputs]"对话框

④在"Printer Configuration for ［Documentation Outputs］"对话框的"Printer"区域内的"名称"下拉列表中选择已安装的打印机设备。

⑤单击"Printer Configuration for ［Documentation Outputs］"对话框中的"确定"按钮关闭该对话框，然后单击"Schematic Print Properties"对话框中的"预览"按钮打开如图 5 –146 所示的"Preview Schematic Prints of ［］"窗口。

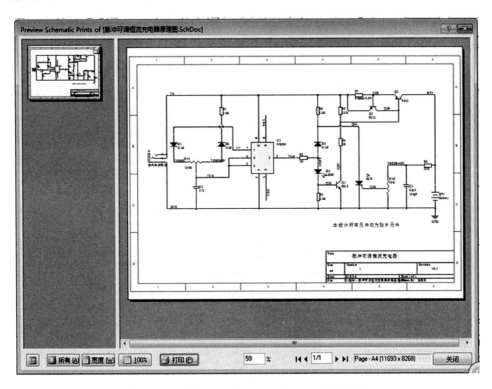

图 5 –146 "Preview Schematic Prints of ［］"窗口

⑥经预览检查合格后，单击"Preview Schematic Prints of ［］"窗口中的"打印"按钮开始打印。

第6章 PCB 设置与设计

6.1 PCB 编辑的操作界面

新建 PCB 项目，选择菜单栏上的"文件"→"新建"→"设计工作区"新建一个设计工作区，如图 6-1 所示；选择"文件"→"新建"→"工程"→"PCB 工程"新建一个 PCB 工程文件，如图 6-2；在 PCB 工程下新建原理图文件，选择"文件"→"新建"→"PCB"，系统会进入原理图编辑的操作界面，其界面如图 6-3 所示。PCB 操作界面如图 6-4 所示。

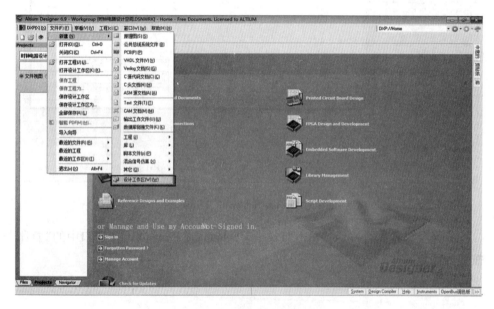

图 6-1　新建设计工作区

图 6-2　新建 PCB 工程

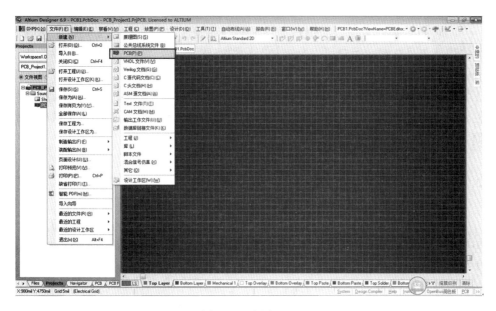

图 6-3　新建 PCB

如图 6-4 所示的 PCB 操作界面由工作区、主菜单、工具栏、工作面板等构成，具体介绍如下。

主菜单位于操作界面的上方。PCB 操作界面中的绝大部分操作均可通过在主菜单中选择相应的命令实现。由于主菜单功能多，涉及广，所以此处不展开

图 6-4 PCB 操作界面

讲解。

　　同时 PCB 操作界面也为用户提供了多种快捷工具栏，这些工具栏中包含大量的快捷工具按钮，用户可以自定义工具栏的显示或隐藏状态，使操作界面更适合操作的习惯，提高工作效率。根据工具栏内工具按钮的功能，PCB 设计界面的工具栏分为"PCB 标准"工具栏、"布线"工具栏、"导航"工具栏、"过滤器"工具栏、"实用程序"工具栏。下面对常用的"布线"工具栏和"应用程序"工具栏进行简要介绍。

6.1.1　"布线"工具栏

"布线"工具栏如图 6-5 所示，该工具栏内 10 个快捷按钮用于绘制具有电气意义的铜膜导线、过孔、PCB 元件封装等图元对象，

图 6-5　"布线"工具栏

与之前的 Protel 版本不同的是，Altium Designer 新增加了两种交互式布线工具。这些快捷功能在主菜单的"放置"菜单下。该工具栏中的快捷工具按钮的功能介绍如下。

　　交互式布线连接 ，交互式布线差分对连接 ，实用智能布线交互布线连接 ，放置焊盘 ，放置过孔 ，通过边沿放置圆弧 ，放置填充 ，放置多边形平面 ，放置字符串 。

208

6.1.2　"应用程序"工具栏

"应用程序"工具栏如图 6 – 6
所示，其中的工具按钮用于在
PCB 图中绘制不具有电气意义的
图元对象，具体介绍如下。

图 6 – 6　"应用程序"工具栏

（1）绘图工具按钮 ⬈。单击绘图工具按钮 ⬈ 弹出如图 6 – 7 所示的工具
栏。该工具栏中的工具按钮用于绘制直线、圆弧等不具有电气性质的图元。

图 6 – 7　绘图工具栏

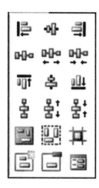

图 6 – 8　对齐工具栏

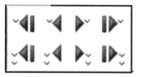

图 6 – 9　查找工具栏

（2）对齐工具按钮 ▤。单击对齐工具按钮
▤ 弹出如图 6 – 8 所示的工具栏。该工具栏中的
工具按钮用于对齐选择的图元对象。

（3）查找工具按钮 ⠿。单击查找工具按钮
⠿ 弹出如图 6 – 9 所示的查找工具栏。该工具栏
中的工具按钮用于查找元件或者元件组。

（4）标注工具按钮 ⬓。单击标注工具按钮
⬓ 弹出如图 6 – 10 所示的标注工具栏。该工具栏
中的工具按钮用于标注 PCB 图中的尺寸。

（5）区域工具按钮 ▣。单击区域工具按钮
▣ 弹出如图 6 – 11 所示的分区工具栏。该工具
栏中的工具按钮用于在 PCB 图中绘制各种分区。

图 6 – 10　标注工具栏

图 6 – 11　分区工具栏

（6）栅格工具按钮 ▦。单击栅格工具按钮 ▦ 弹出如图 6 - 12 所示的下拉菜单，在此下拉菜单中设置 PCB 图中的对齐栅格的大小。

除了通过主菜单和工具栏选择各种指令外，PCB 操作界面还有很多键盘快捷方式选择指令，如"旋转选择的对象"，其快捷键为"Space"。由于这样的指令很多且不容易记忆，所以 PCB 操作界面在右下角的面板控制栏的"Help"中设置了"快捷方式"对应表，如图 6 - 13 所示。

Toggle **V**isible Grid Kind	
Toggle **E**lectrical Grid	Shift+E
Set Snap **G**rid...	Ctrl+G
1 Mil	
5 Mil	
10 Mil	
20 Mil	
25 Mil	
50 Mil	
0.025 mm	
0.100 mm	
0.250 mm	
0.500 mm	
1.000 mm	
Snap Grid **X**	▶
Snap Grid **Y**	▶

图 6 - 12　下拉菜单

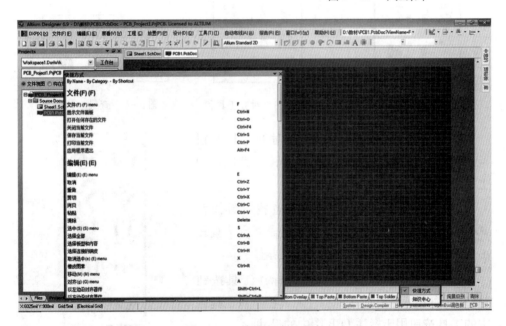

图 6 - 13　快捷方式对应表

6.2　PCB 板设计流程图

利用 Altium Designer 设计 PCB 板通常需要经过同步 PCB 文件、元件布局、PCB 布线等几个步骤，其具体的流程如图 6 - 14 所示。

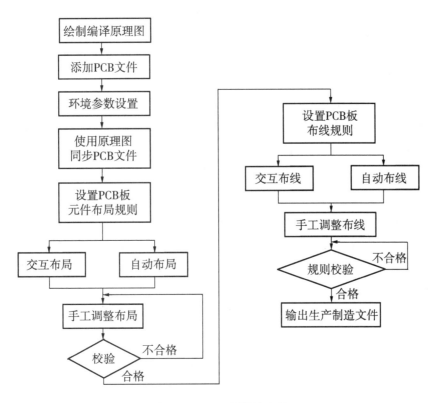

图 6 – 14　PCB 板设计流程

设计过程如下：

①绘制编译原理图。绘制编译原理图是 PCB 板设计的准备工序，设计者将其设计的电路采用原理图的形式输入系统，通过编译过程检验原理图设计是否满足原理图设计规则，同时生成连线网络。这些工作步骤在前几章已经作了详细介绍。

②添加 PCB 文件。这是 PCB 板设计的第一步。首先必须在已有的项目中添加新的 PCB 文件，这样，该 PCB 文件就与该项目中的原理图联系起来。这是非常重要的。新建的 PCB 文件还需要设置一些主要参数，例如电路板的结构及其尺寸、PCB 板的层数、格点的大小和形状。一般情况下大多数参数可以用系统的默认值。

③同步 PCB 文件。同步 PCB 文件是将原理图中的内容与 PCB 文件中的内容同步起来。这种同步是通过网络表来实现的。网络表是描述电路连接的列表文件，是连接原理图设计和 PCB 板设计的纽带。同步过程中，系统会显示同步操作将对 PCB 文件进行的修改内容，用户可以逐个选择是否修改。这个过程将在

后面详细介绍。同步完成后，PCB 文件将与原理图同步，所有元件的 PCB 封装以及元件的连接关系保持一致。

④PCB 板元件布局规则设置。好的元件布局是布线成功的保障。Altium Designer 提供了自动布局功能，可以按照用户设置的布局规则自动进行元件位置的布局。即使用户采用交互布局的方式进行布局，系统也会自动检查当前布局状态，显示当前违反布局规则的错误或警告，减少由于布局失误为后续工作带来的麻烦。为得到一个满意的元件布局，用户必须设置好 PCB 板元件布局规则。

⑤布线规则设置。布线规则是布线时依据的各个规范，如安全间距、导线宽度等，是对自动布线的约束。布线规则的设置也是印制电路板设计的关键之一，需要一定的实践经验。布线规则设置不能过高，也不能过低，约束条件设置得过高会给布线带来较大的困难，降低布线成功率；约束条件设置得过低，不仅影响 PCB 板质量，给实际产品带来隐患，甚至无法满足实际需要。设计完 PCB 后，可以通过规则校验检验设计是否存在问题。

⑥输出生产制造文件。在绘制完成 PCB 板后，系统可以生成各种生产制造文件和输出报表，例如 PCB 光绘文件"Gerber"、数控钻文件"NC drill"、元件插置文件"Pick and Place"和材料清单报表等。使用这些文件，设计者就可以开始批量生产 PCB 板以及进行元件自动焊接。

6.3　添加 PCB 文档

当完成原理图的设计和编译后，接下来开始 PCB 设计时，需要在项目中添加一个新的 PCB 文档。为方便对新的 PCB 文档进行设置，Altium Designer 为用户提供了 PCB 板向导。使用该向导，在新建 PCB 文档的过程中即可完成 PCB 板的各种参数的定义。本节将通过一个使用 PCB 板向导完成 PCB 空白文档创建的实例，介绍使用 PCB 板向导的具体步骤。创建的空白 PCB 板卡的外形尺寸如图 6 – 15 所示。

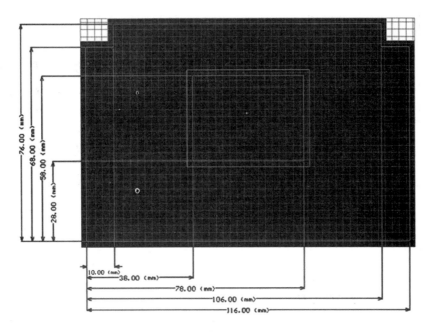

图 6 - 15　创建的空白 PCB 板卡

①启动 Altium Designer，单击工作区左侧的"Files"工作面板打开如图6 - 16所示的"Files"工作面板。

图 6 - 16　"Files"工作面板

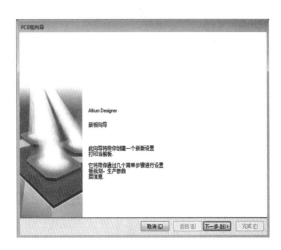

图 6 - 17　"PCB 板向导·新板向导"页面

213

②在"Files"工作面板中的"从模板新建"区域内选择"PCB Board Wizard"命令打开如图 6 – 17 所示的"PCB 板向导·新板向导"页面。如果在"Files"工作面板中看不到"从模板新建"栏，将它上面的几个栏目缩小，就可以看到最下方的"从模板新建"栏了。

③单击"PCB 板向导·新板向导"页面中的"下一步"按钮进入如图 6 – 18 所示的"PCB 板向导·选择板单位"页面。

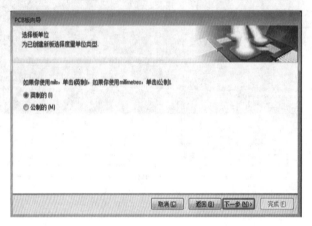

图 6 – 18　"PCB 板向导·选择板单位"页面

"选择板单位"页面用于选择度量单位，系统默认的度量单位为"英制的"单位"mil"（1000mil = 25.4mm）。为符合电路板外形尺寸的设计习惯，本例使用公制单位。

④选择"公制的"单选项，将度量单位设置为公制，使用"mm"作为坐标单位。单击"下一步"按钮显示如图 6 – 19 所示的"PCB 板向导·选择板剖面"页面。

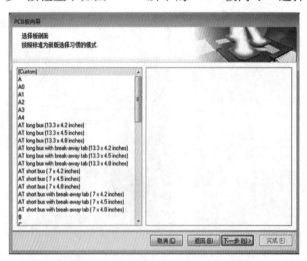

图 6 – 19　"PCB 板向导·选择板剖面"页面

214

“PCB 板向导·选择板剖面”页面用于选择 PCB 板的预定义轮廓。该页面左侧是预定义 PCB 板外形的列表；右侧是预定义 PCB 板外观的显示区域，用于预览选择的预定义 PCB 板的外观图样。本例要使用自定义的 PCB 板外形轮廓。

⑤在“PCB 板向导·选择板剖面”页面左侧的预定义 PCB 板外形列表中选择“Custom”项使用自定义的 PCB 板的外形轮廓，然后单击“下一步”按钮显示如图 6 - 20 所示的“PCB 板向导·选择板详细信息”页面。

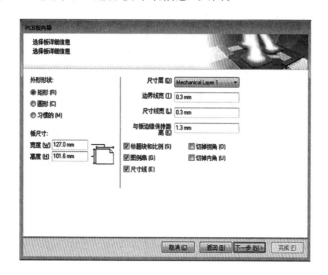

图 6 - 20　“PCB 板向导·选择板详细信息”页面

“选择板详细信息”页面内的选项用于设置自定义电路板的细节参数。这些选项的功能如下：

“外形形状”选择区域用于设置自定义电路板的外部轮廓形状，包含三个单选项，意义如下。

- “矩形”项表示矩形的电路板。选中该项后，在“板尺寸”区域内设置矩形的宽度和高度。
- “圆形”项表示圆形的电路板。选中该项后，在“板尺寸”区域内显示“半径”编辑框，用于设置圆形的半径。
- “习惯的”项表示自定义电路板外部轮廓。选中该项后，在“板尺寸”区域内设置自定义的电路外部轮廓的宽度和高度。
- 对话框右侧的“尺寸层”下拉列表框用于设置显示尺寸标注的图层。
- “边界线宽”编辑框用于设置边界线的宽度。
- “尺寸线宽”编辑框用于设置尺寸标注线的宽度。
- “与板边缘保持距离”编辑框用于设置电路板边界空白区域的宽度。
- “标题块和比例”复选框用于在图纸上显示标题栏和刻度栏。
- “切掉拐角”复选项用于切除 PCB 板的边角。该选项只有在“外形形状”区域

215

内的"矩形"项被选中后才会被激活。选中该项后，在后续的步骤中将会要求设置切除的边角的尺寸。

- "图例串"复选框用于在图纸上显示图例文字。
- "切掉内角"复选项用于设置切除板内的区域。该选项只有在"外形形状"区域内的"矩形"项被选中后才会被激活。选中该项后，接下来将会要求设置切除板内区域的尺寸。
- "尺寸线"复选框用于在图纸上显示标注线。

⑥在"PCB 板向导·选择板详细信息"页面中选择"矩形"项，然后在"板尺寸"区域内设置"宽度"为 100mm，"高度"为 100mm，设置"与板边缘保持距离"为 2mm，选中"切掉拐角"复选项和"切掉内角"复选项，其他选项按照系统默认设置，单击"下一步"按钮显示如图 6 – 21 所示的"PCB 板向导·选择板切角加工"页面。

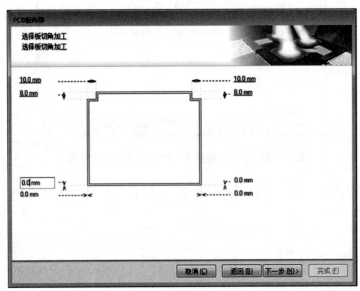

图 6 – 21　"PCB 板向导·选择板切角加工"页面

"选择板切角加工"页面用于设置切除边角的尺寸。通过单击页面内图样上的蓝色标注尺寸的数字即可激活参数编辑框，在编辑框内输入新的参数就可以设置切角的尺寸。

⑦在"选择板切角加工"页面内设置左右上角切角的尺寸值均为宽"10mm"高"8mm"，下方两端无切角，如图 6 – 21 所示。单击"下一步"按钮显示如图 6 – 22 所示的"PCB 板向导·选择板内角加工"页面。

"选择板内角加工"页面用于设置 PCB 板内的方孔的位置及尺寸，其设置方法与"选择板切角加工"页面类似，其中右上角参数表示方孔的宽度和高度，左下角的参数表示方孔的左下角距离电路板左侧边框和底部边框的距离。用户只需

216

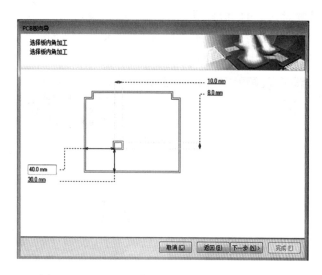

图 6 – 22 "PCB 板向导·选择板内角加工"页面

要修改页面图例中的尺寸标注数值即可。

⑧在"选择板内角加工"页面内设置方孔宽度为 10mm，高度为 8mm，距离左侧边框 40mm，距离底部边框 30mm，如图 6 – 22 所示。单击"下一步"按钮显示如图 6 – 23 所示的"PCB 板向导·选择板层"页面。

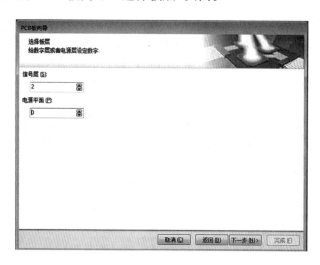

图 6 – 23 "PCB 板向导·选择板层"页面

"选择板层"页面用于设置电路板的层数，其中"信号层"数字编辑框用于设置信号层的层数。信号层是指用于布线的图层。"电源平面"数字编辑框用于设置电源层的层数。电源层是指用整片铜膜构成的接电源或接地的图层。本例将新建一个双面板，故有两层信号层，没有电源层。

⑨在层数设置对话框的"信号层"数字编辑框中输入"2"，在"电源平面"数字编辑框中输入"0"，如图 6-23 所示。单击"下一步"按钮显示如图 6-24 所示的"PCB 板向导·选择过孔类型"页面。

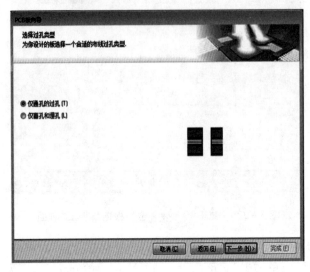

图 6-24 "PCB 板向导·选择过孔类型"页面

"选择过孔类型"页面用于设置 PCB 板中的过孔类型。"仅通过的过孔"单选项表示 PCB 板中所有的过孔都是穿透式过孔。"仅盲孔和埋孔"单选项表示 PCB 板中只有盲过孔和隐藏过孔。由于本例新建的是两层板，所以使用穿透式过孔。

⑩在过孔类型选择对话框中选择"仅通过的过孔"单选项，如图 6-24 所示。单击"下一步"按钮显示如图 6-25 所示的"PCB 板向导·选择组件和布线工艺"页面。

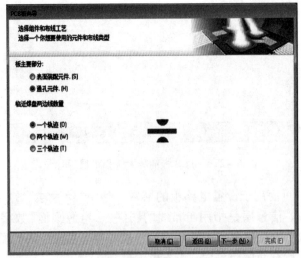

图 6-25 "PCB 板向导·选择组件和布线工艺"页面

"选择组件和布线工艺"页面用于设置 PCB 板中的元件封装性质和布局、走线方式。

"表面装配元件"单选项表示 PCB 板上大部分元件采用表面黏着式封装形式。选择该项后，系统会询问是否在电路板的两面都布置电子元件。"是"单选项表示 PCB 板的两面都布置表面黏着式封装的电子元件，"否"单选项表示 PCB 板仅有一面布置表面黏着式封装的电子元件。

"通孔元件"单选项表示 PCB 板上大部分元件采用穿孔安装式封装形式。选择该项后，"临近焊盘两边线数量"选项要求用户设置相邻元件引脚焊盘间允许通过的铜膜导线数量："一个轨迹"单选项表示相邻元件引脚焊盘间仅能通过一条铜膜导线，"两个轨迹"单选项表示能通过两条铜膜导线，"三个轨迹"单选项表示能通过三条铜膜导线。

本例设置穿孔安装式元件。由于 PCB 板空间较大，故设置相邻焊盘之间仅通过一根导线。

⑪在"选择组件和布线工艺"页面中选择"临近焊盘两边线数量"单选项和"一个轨迹"单选项，如图 6 – 25 所示。单击"下一步"按钮显示如图 6 – 26 所示的"PCB 板向导·选择默认线和过孔尺寸"页面。

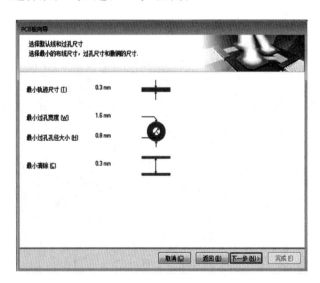

图 6 – 26　"PCB 板向导·选择默认线和过孔尺寸"页面

"选择默认线和过孔尺寸"页面用于设置默认的铜膜导线极限尺寸、过孔极限尺寸和默认的导线极限间距。"最小轨迹尺寸"表示最小的铜膜导线宽度，"最小过孔宽度"表示过孔的最小外径，"最小过孔孔径大小"表示过孔中的通孔的最小直径，"最小清除"用于设置两条铜膜导线之间的最小距离。

⑫接受"选择默认线和过孔尺寸"页面中的默认设置，单击"下一步"按钮打

开如图 6 - 27 所示的"PCB 板向导·板向导完成"对话框。

图 6 - 27 "PCB 板向导·板向导完成"对话框

⑬单击"PCB 板向导·板向导完成"对话框中的"完成"按钮新建如图 6 - 28 所示默认名为"PCB1. PcbDoc"的 PCB 文件。

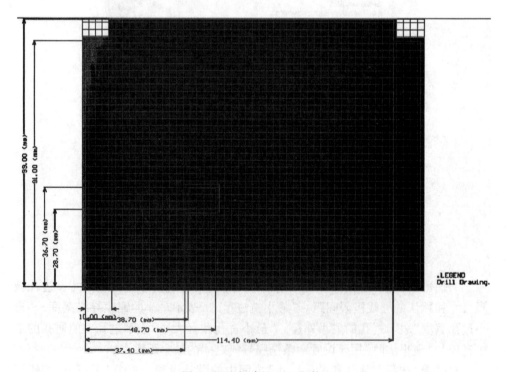

图 6 - 28 新建的 PCB 文件

⑭在主菜单中选择"文件"→"保存"命令，或者单击工具栏的保存按钮 ，
在弹出的"Save [ ] As..."对话框中设置文件路径和名称，单击"保存"按钮保存该
文件。

至此，空白 PCB 文件就创建完毕了。

6.4　定制 PCB 编辑环境

Altium Designer 为用户提供了定制 PCB 编辑环境的功能，用户可根据使用习
惯定制 PCB 编辑的界面，以方便操作。本节将介绍有关 PCB 编辑器环境的设置
选项。

6.4.1　PCB 工作环境设置

Altium Designer 为用户进行 PCB 编辑提供了大量的辅助功能，以方便用户的
操作，同时系统允许用户对这些功能进行设置，使其更符合自己的操作习惯。本
小节将介绍这些设置的方法。

①启动 Altium Designer，在工作区打开新建的 PCB 文件，启动 PCB 设计界面。

②在主菜单中选择"工具"→"优先选项"命令打开如图 6 - 29 所示的"参数选
择"对话框。

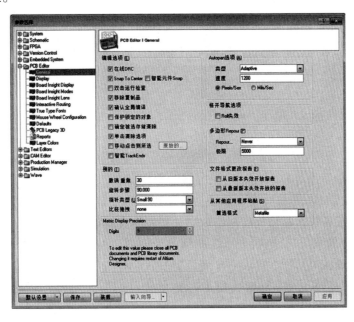

图 6 - 29　"参数选择"对话框

在"参数选择"对话框左侧的树形列表内，"PCB Editor"文件夹内有 12 个子选项卡。通过这些选项卡，用户可以对 PCB 设计模块进行系统的设置。这些选项卡内的选项功能介绍如下：

"参数选择"页面主要用于进行 PCB 设计模块的通用设置。"参数选择"页面包含四个主要选项区域，介绍如下。

图 6 - 30 "编辑选项"页面

（1）"编辑选项"区域

"编辑选项"选项区域用于 PCB 编辑过程中的功能设置，共有 12 个复选项，其中：

"在线 DRC"复选项表示进行在线规则检查，一旦操作过程中出现违反设计规则，系统会显示错误警告。建议选中此项。

"Snap to Center"复选项表示在对图元对象进行操作时，指针对齐图元对象的中心。

"智能元件 Snap"复选项表示在对图元对象进行操作时，指针会自动捕获小的图元对象。

"双击运行检查"复选项表示在双击图元对象时，将打开"Inspector"工作面板，用户可在里面对 PCB 图元对象的属性进行修改。

"移除复制品"复选项表示系统会自动移除重复的输出对象。选中该复选项后，数据在准备输出时将检查输出数据，并删除重复数据。

"确认全局编译"复选项表示在进行全局编译时，例如从原理图更新 PCB 图时，会弹出确认对话框，要求用户确认更改。

"保护锁定的对象"复选项表示保护已锁定的图元对象，避免用户对其误操作。

"确定被选存储清除"复选项表示在清空选择存储器时，会弹出确认对话框，要求用户确认。

"单击清除选项"复选项表示当用户单击其他图元对象时,之前选择的其他图元对象将会自动解除选中状态。

"移动点击到所选"复选项表示只有当用户按住键盘 Shift 键后,再单击图元对象才能将其选中。选中该项后,用户可单击"原始的…"按钮打开如图 6 - 30 所示的"移动点击到所选"对话框,在该对话框中设置需要按住 Shift 键,同时单击才能选中需要的对象种类。

"智能 TrackEnds"复选项表示在交互布线时,系统会智能寻找铜膜导线结束端,调整定义连接关系的虚线。图 6 - 31 就是选中该项后,表示两个焊盘连接关系的虚线在布线的过程中自动调整。

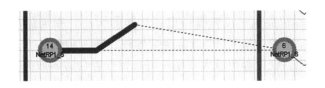

图 6 - 31　自动寻找导线末端

(2)"Auto pan 选项"区域

"Auto pan 选项"区域用于设置工作区的自动摇景功能,该区域中的"类型"下拉列表用于设置自动摇景功能的模式。PCB 编辑器共提供了 6 种自动摇景模式,其中:

"Disable"项表示禁止自动摇景功能,用户只有使用工作区的滚动条或鼠标滚轮才能调整当前视图的位置。

"Re - Center"项表示在光标接近工作区边界时,调整工作区显示的图纸位置,使光标所在的点位于新的工作区视图的正中间。

"Fixed Size Jump"项表示当光标超出工作区边界时,工作区显示的视图会连续移动,且移动的速度与图纸的缩放比例成正比,即工作区视图的放大比例越大,视图移动速度越慢。

"Shift Accelerate"项表示在光标超出工作区边界时,工作区显示的视图会按照设置的步长移动,按住 Shift 键后,视图移动的速度增加。

"Shift Decelerate"项表示在光标超出工作区边界时,工作区显示的视图会按照设置的步长移动,按住 Shift 键后,视图移动的速度减小。

"Ballistic"项表示当光标超出工作区边界时,工作区显示的视图会连续移动,且移动的速度正比于光标移出工作区的距离。

"Adaptive"项表示当光标超出工作区边界时,工作区显示的视图会按照设置的速度连续移动。

"速度"编辑框用于设置当使用"Adaptive"模式时,视图的移动速度,默认值为 1200，单位可选择为"mil/s"或者"pixel/s"。

（3）"多边形 Repour"区域

"多边形 Repour"区域用于设置多边形敷铜区域被修改后，重新敷铜时的各种参数，该区域中的"Repour"下拉列表用于选择多边形敷铜区域被修改后，重新敷铜的方式。该列表中共有三种选项，其中：

"Never"选项表示不启动自动重新敷铜。

"Threshold"选项表示当超过某限定值自动重新敷铜。

"Always"选项表示只要多边形发生变化，就自动重新敷铜。

"极限"编辑框用于设定重新敷铜的极限值。

（4）"别的"区域

"别的"区域用于设置其他选项，该区域中的选项及其功能如下。

"撤销重做"编辑框用于设置操作记录堆栈的大小，指定最多取消多少次以前的操作。在此编辑框中输入"0"，会清空堆栈，输入数值越大，则可恢复的操作数越大，但占用系统内存也越大。用户可自行设置合适的数据。

"旋转步骤"编辑框用于输入当能旋转的图元对象悬浮于光标上时，每次单击空格键使图元对象逆时针旋转的角度。默认旋转角度为 90°。同时按下 Shift 键和空格键则顺时针旋转。

"指针类型"下拉列表用于设置在进行图元对象编辑时光标的类型。Altium Designer 提供三种光标类型，"Small 90"表示小"十"字形，"Large 90"表示大"十"字形，"Small 45"表示"×"形。

"比较拖曳"下拉列表用于设置对元件的拖动。若选择"None"，在拖动元件时只移动元件，若选择"Connected Tracks"，在拖动元件时，元件上的连接线会一起移动。

6.4.2 网格及图纸设置

为了方便定义图元对象的位置，PCB 编辑器提供了"跳转栅格""组件栅格""电栅格"和"可视化栅格"4 种网格，其中：

捕捉网格"跳转栅格"定义了工作区中限制光标移动位置的一组点阵，移动鼠标时，光标只在捕捉网格的格点之间跳动。

元件网格"组件栅格"用于控制元件的布置位置，当移动或放置元件时，光标只能在元件网格的各点上移动，为元件的整齐布局带来方便。

捕捉网格和元件网格都可以按照需要分别设置 X 轴和 Y 轴的捕捉格，使器件在不同的方向按照不同的步长移动。恰当地设置网格很重要，一般可以将其设置为管脚距离的整除倍。例如，在布放一个管脚距离为 100 mil 的器件时，可以将移动网格设置为 50mil 或者 25mil。又如，当在元件的管脚上连线时，可以选择捕捉网格为 25 mil。设置合适的捕捉网格有助于顺序放置器件和提供最大的布线通道。

电气网格"电栅格"是为了方便电气对象的连接而定义的，该网格代表的是电气对象的连接点周围的一个空间范围，移动到该范围内的其他电气对象将直接连接到该连接点。工作区内移动一个电气对象时，如果落在另外一个电气对象的电气网格范围内，移动的图元将跳到一个已放置图素的电气连接点上。

可视网格"可视化栅格"用于在工作区为用户提供视图参考。系统提供了点状"Dot"和线状"Lines"两种类型的可视参考网格作为布放和移动的视图参考。在一张视图上可以布置两个不同的可视网格，用户可以根据工作任务的需要独立地设置这些网格的大小，甚至可以设置英制和公制分开的可视网格。

可视网格是显示工作区背景上位置线的系统。这种显示受到当前电子设计图像放大水平的限制。如果看不到可视网格，则说明视图的缩放比例过大或过小。

PCB 编辑器中绘制的 PCB 板图被放置在一张图纸上。当新建了 PCB 文档时，系统会自动建立一个 10 000mil × 8 000mil 的图纸。

以上这些网格及图纸的设置方法如下：

①在主菜单中选择"设计"→"板参数选项"命令打开如图 6 – 32 所示的"板选项"对话框。

图 6 – 32　"板选项"对话框

"板选项"对话框中包含多个选项区域，各选项的功能如下：

● "度量单位"区域用于设置计量的单位，其中的"Unit"下拉列表有两个选项："Metric"表示公制单位；"Imperial"表示英制单位。

- "跳转栅格"区域用于设置捕捉网格的尺寸，其中的"X"和"Y"的参数可以不相同。
- "组件栅格"区域用于设置元件网格的尺寸，其中的"X"和"Y"的参数可以不相同。
- "电栅格"区域用于设置电气网格的尺寸。
- "电气栅格"复选项用于设置是否使用电气网格。
- "归类"编辑框用于输入电气网格的大小。
- "跳转到板边框"复选项用于设置是否捕获 PCB 板的边框。
- "可视化栅格"区域用于设置可视网格的类型和大小。
- "标记"下拉列表用于选择可视网格的显示方式。
- "栅格 1"和"栅格 2"编辑框分别用来设置显示的两个可视网格的大小。
- "块位置"区域用于设置绘制 PCB 板的图纸页面大小和位置。
- "X""Y"编辑框用于设置页面的左下角定点的绝对坐标。
- "宽度"和"高度"编辑框分别用来设置图纸页面的宽和高。
- "显示方块"复选项用来设置显示页面。
- "锁定原始方块"复选项表示锁定原始页面。
- "显示指示"区域用于设置元件编号的显示。
  ②在"板选项"对话框中设置好各种网格参数后单击"确定"按钮。

6.5 PCB 板设置

6.5.1 PCB 板层设置

PCB 板层在"层叠管理"对话框中设置。设置板层的步骤如下：

①在主菜单中选择"设计"→"层叠管理"命令，或者在工作区单击鼠标右键，在弹出的菜单中选择"选项"→"层叠管理"命令（图 6 – 33）打开如图 6 – 34 所示的"层堆栈管理器"对话框。

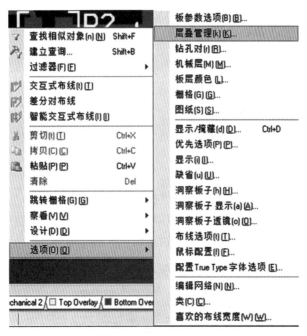

图 6 – 33　选择"选项"→"层叠管理"命令

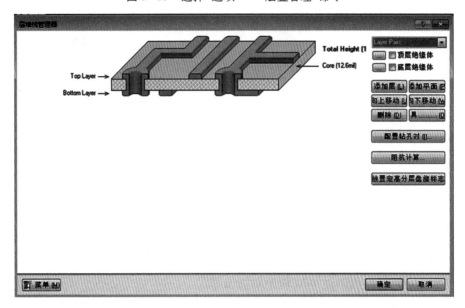

图 6 – 34　"层堆栈管理器"对话框

②在如图 6 – 34 所示的"层堆栈管理器"对话框中选择"Core（12.6mil）"右键单击"道具"按钮，或直接双击"Core（0.32mm）"打开如图 6 – 35 所示的"电介质工具"对话框。

"电介质工具"对话框用于设置 PCB 板中的绝缘层的参数，其选项的具体功能如下：

图 6 – 35   "电介质工具"对话框

- "材料"编辑框用于设置绝缘层的材料。
- "厚度"用于设置绝缘层的厚度。
- "电介质常数"编辑框用于设置绝缘层的介电常数。

③在"电介质常数"对话框中的"厚度"编辑框中输入"12.6mil"，单击"确定"按钮。

④勾选"层堆栈管理器"对话框"顶层绝缘体"复选项和"底层绝缘体"复选项，在 PCB 板的顶层和底层添加阻焊层，如图 6 – 36 所示。

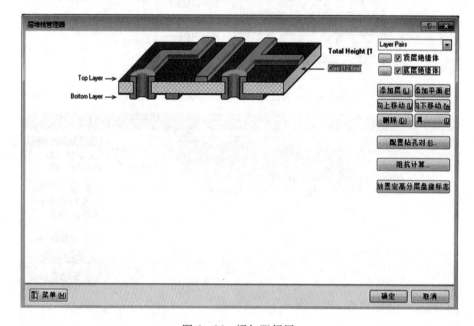

图 6 – 36   添加阻焊层

"层堆栈管理器"对话框中的按钮功能如下：

- "添加层"按钮用于在 PCB 板中添加信号层。
- "添加平面"按钮用于在 PCB 板中添加电源平面。
- "删除"按钮用于删除所选中的层。
- "向上移动"按钮用于上移所选中的层；"向下移动"按钮用于下移所选中的层。

6.5.2　PCB 板层颜色设置

为了区别各 PCB 板层，Altium Designer 使用不同的颜色绘制不同的 PCB 层。用户可根据喜好调整各层对象的显示颜色，具体步骤如下：

①在主菜单中选择"设计"→"板层颜色"命令，或者在工作区单击鼠标右键，在弹出的菜单中选择"选项"→"板层颜色"命令打开如图 6 – 37 所示的"视图配置"对话框。

图 6 – 37　"视图配置"对话框

"视图配置"对话框中共有七个列表用于设置工作区中显示的层及其颜色。在每个区域中有一个"展示"复选框，勾选该复选框后，工作区下方将显示该层的标签。

单击对应的层名称"颜色"列下的色彩条打开"系统颜色"对话框，在该对话框中设置所选择的电路板层的颜色。

在"系统颜色"区域中可设置包括可见栅格（VisibleGrid）、焊盘孔（Pad Holes）、过孔（Via Holes）和 PCB 工作区等系统对象的颜色及其显示属性。

②当设置完毕后单击"确定"按钮完成 PCB 板层的设置。

6.6　PCB 板基本图元对象布置

PCB 板的基本图元对象有连线、线段、焊盘、过孔、填充、圆弧线、文本字符串和特殊字符串等几种类型。本节将介绍这些基本图元对象的布置步骤。

6.6.1　布置连线

连线是 PCB 最基本的线元素。连线宽度可以在 0.001mil 和 10 000mil 之间调节。连线可以布置在 PCB 板的任意层，例如，连线放置在信号层用作布线连接，放在机械层中定义板轮廓，放在丝印层绘制元件轮廓，或者在禁布层定义"禁布区"等等。放置连线的步骤如下：

①在工作区选择布置连线的电路层，使用"＊"键可在信号层之间切换，使用"＋"和"－"键在所有层之间切换。

②单击"布线"工具栏中的布置连线按钮 ，或者从菜单中选择"放置"→"交互式布线"命令，此时状态栏上会显示提示信息"Choose Start location"。

③移动光标至连线起点，单击鼠标或按下 Enter 键确定连线的起始位置。此时状态栏显示连线的网格，括弧里显示的是当前线段的长度和连线的总长度。

④在工作区移动光标，工作区显示如图 6-38 所示的两个线段，一个是实线，另一个是轮廓线。实线表示当前即将布置的线段，轮廓线是"预测"下一步放置的线段，指明走线的方向。

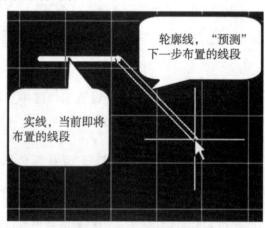

图 6-38　实线和轮廓线

PCB 编辑器一共提供了 5 种连线模式，其中有 4 种连线模式存在两种起始或结束模式，所以共有 9 种布线模式。这些布线模式如图 6-39 所示。通过 Shift +

230

空格键可以在 5 种连线模式间切换，使用空格键可以在起始或结束模式间切换。

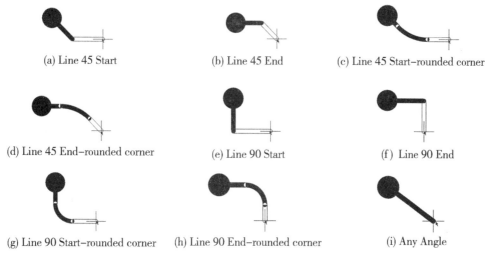

（a）Line 45 Start　　　　　　（b）Line 45 End　　　　　（c）Line 45 Start–rounded corner

（d）Line 45 End–rounded corner　　　　（e）Line 90 Start　　　　　（f）Line 90 End

（g）Line 90 Start–rounded corner　　　（h）Line 90 End–rounded corner　　　（i）Any Angle

图 6 – 39　系统提供的布线模式

“Line 45 Start”模式指所有连线之间的夹角都为 45°的倍数，且当起点和终点不在同一条水平线或垂直线上时，总是以 45°或 135°的斜线连接连线的起点，如图 6 – 39a 所示。

“Line 45 End”模式指所有连线之间的夹角都为 45°的倍数，且当起点和终点不在同一条水平线或垂直线上时，总是以 45°或 135°的斜线连接连线的终点，如图 6 – 39b 所示。

“Line 45 Start – rounded corner”模式与“Line 45 Start”模式基本相同，区别在于所有直线之间的 135°的夹角都采用圆角过渡，如图 6 – 39c 所示。

“Line 45 End – rounded corner”模式与“Line 45 End”模式基本相同，区别在于所有直线之间的 135°的夹角都采用圆角过渡，如图 6 – 39d 所示。

“Line 90 Start”模式指所有连线都采用垂直线或水平线，且当起点和终点不在同一条水平线或垂直线上时，总是以垂直线连接连线的起点，如图 6 – 39e 所示。

“Line 90 End”模式指所有连线都采用垂直线或水平线，且当起点和终点不在同一条水平线或垂直线上时，总是以垂直线连接连线的终点，如图 6 – 39f 所示。

“Line 90 Start – rounded corner”模式与“Line 90 Start”模式基本相同，区别在于所有直线之间的夹角都采用圆角过渡，如图 6 – 39g 所示。

“Line 90 End – rounded corner”模式与“Line 90 End”模式基本相同，区别在于所有直线之间的夹角都采用圆角过渡，如图 6 – 39h 所示。

“Any Angle”模式指所有的连线都采用直接连接的形式，允许连线线段被放置为任何角度，如图 6 – 39i 所示。

231

在 rounded corner 的模式下单击"."快捷键会增大圆角半径，单击","快捷键会减小圆角半径。

⑤单击 Tab 键打开如图 6 - 40 所示的"Interactive Routing"对话框。

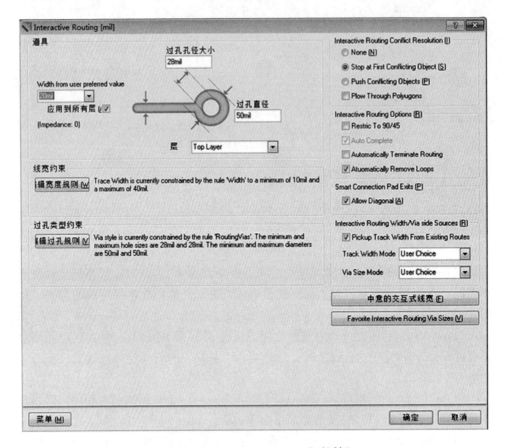

图 6 - 40 "Interactive Routing"对话框

"Interactive Routing"对话框由两个区域组成。

"道具"区域用于设置连线和过孔的属性。该区域中的"Width from user perferred value"编辑框用于设置连线宽度。"过孔直径大小"编辑框用来设置与该连线相连的过孔的内径。"过孔直径"编辑框用来设置与该连线相连的过孔的外径。"层"编辑框用来设置当前布线的 PCB 板层。

"线宽约束"和"过孔类型约束"区域用于显示关于线宽和过孔的设计规则参数。

"菜单"按钮用于打开设置设计规则参数的下拉菜单。

⑥单击"菜单"按钮，在弹出的下拉菜单中选择"编辑宽度规则"命令打开如图 6 - 41 所示的"Edit PCB Rule - Max - Min Width Rule"对话框。

图 6 - 41　"Edit PCB Rule – Max – Min Width Rule"对话框

⑦在"Edit PCB Rule – Max – Min Width Rule"对话框"约束"区域的"Max Width"编辑框内输入"40mil"，单击"确定"按钮。

⑧移动光标到实际连线结束处，单击鼠标，或单击回车键布置第一个线段。

⑨移动光标开始一个新的连线线段，这个新线段将从已经放置的连线线段处开始延伸。移动光标并按下空格键，可以改变连线放置模式。每次定义一个连线线段时单击鼠标或回车键确认。如果操作错误，可以单击 Backspace 键去掉最后一个连线元素。

⑩重复步骤③～⑨布置其他的连线线段。

⑪所有的连线线段布置完毕后，单击鼠标右键或者 Esc 键结束连线的布置。

6.6.2　布置线段

走线的属性除没有网络特性外，其他都与连线相同。由于即便一根从带有网络的焊盘上引出的 Line 也不带有任何电气属性，因此线段被用来布放没有电气性能的连线，比如定义结构尺寸、标注等机械层信息或者禁布层信息等。

布置线段的方法如下：

①单击"Utilities"工具栏中的绘图工具按钮 ，在弹出的工具栏中选择线段工具按钮 ，或者在主菜单中选择"放置"→"走线"命令即可启动布置线段命令。

②按照6.6.1节中介绍的布置连线的方法布置线段。

③布置完毕后单击鼠标右键结束线段的布置操作。

6.6.3 布置焊盘

插针式器件的焊盘通常是贯通整个电路板的，其焊盘在电路板的顶层和底层都有布置。而贴片式器件的引脚焊盘中间则没有通孔，仅布置在电路板的顶层或底层。焊盘的形状可以是圆形、矩形、圆角矩形或者八边形，过孔的尺寸可在0～1000mil之间变化。自由焊盘是指没有被编进元件库的焊盘。这种焊盘能被放置在设计的任何地方。焊盘既可以单独地被指定为自由焊盘，也可以和其他的对象元素合并成元件。放置焊盘的步骤如下：

①单击"布线"工具栏中的布置焊盘工具按钮 ，或者在主菜单中选择"放置"→"焊盘"命令启动放置焊盘命令。

②单击 Tab 键打开如图 6 – 42 所示的"焊盘"对话框。

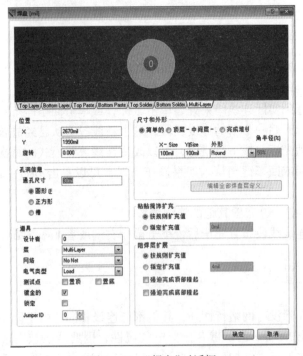

图 6 – 42 "焊盘"对话框

"焊盘"对话框用于设置焊盘的属性，其中选项的功能如下：

- "位置"栏中的"X""Y"编辑框用于设置焊盘的位置坐标。
- "孔洞信息"编辑框用于设置焊盘的形状。

  "道具"区域用于设置焊盘的属性。其中各项的功能如下：

- "设计者"编辑框用于设置焊盘的编号。焊盘最多能用 20 个文本字符或数字字符标识，通常用于提供元件管脚数字。编号中间不允许出现空格，但也可根据需要在左边留有空格。如果放置的初始焊盘有数字标号的话，随后放置的焊盘其标号会每次自动增 1。
- "层"下拉列表框用于设置焊盘所在的 PCB 板层。
- "网络"下拉列表框用于设置焊盘所在的网络。
- "电气类型"用于设置焊盘的电气类型，有"Load"（负荷）、"Terminate"（终端）和"Source"（源）三个选项。
- "测试点"栏中有两个复选项，分别是"Top"和"Bottom"，用于在顶部或底部布置测试点。
- "镀金的"栏中的复选框用于设置焊盘是否镀锡。
- "锁定"栏中的复选框用于锁定焊盘。

  "尺寸和外形"区域用于设置焊盘的大小和形状，其中包括三个单选项，这些单选项的功能如下：

- "简单的"单选项表示焊盘在 PCB 板各层中的大小和形状都完全相同，用户只需要设置一组"X – Size""Y – Size"和"外形"参数即可。
- "顶层 – 中间层 – 底层"单选项表示焊盘在 PCB 板的顶层、中间各层以及底层的尺寸和形状不同，需要用户分别设置焊盘在 PCB 板顶层、中间各层、底层的尺寸和形状。
- "完成堆栈"单选项表示焊盘在 PCB 板各层中的大小和形状都需要单独设置。选中该项后，"尺寸和外形"区域底部的"编辑全部焊盘层定义"按钮被激活。单击该按钮打开如图 6 – 43 所示的"焊盘层编辑器"对话框，用户可在"焊盘层编辑器"对话框中对焊盘在每一层的大小、形状进行设置。

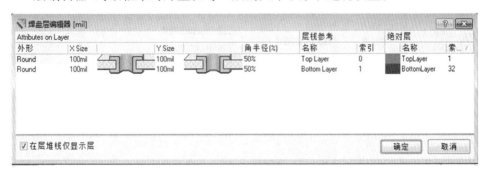

图 6 – 43　"焊盘层编辑器"对话框

③在"焊盘"对话框中设置焊盘的参数信息，单击"确定"按钮。

④移动光标到工作区合适位置，单击鼠标即可布置一个焊盘。

⑤继续布置其他的焊盘，当所有焊盘布置完毕后，单击鼠标右键或按 Esc 键结束焊盘的布置。

6.6.4　布置过孔

当不同层之间的连线需要连接时，就需要放置一个过孔在不同层之间传递信号。过孔的外观类似圆形的焊盘，它被钻孔，而且制板的时候通常贯穿镀层。过孔可以是多层孔、盲孔或埋孔。多层过孔可从顶层通到底层，并且允许连接所有的内部信号层；盲孔则从表层连到内层；埋孔从一个内层连到另一个内层。过孔的尺寸可从 0 ~ 1000mil 变化，过孔盘的直径可从 2 ~ 10000mil 之间变化。如果在手工放置连线或者自动布线时改变了布线所在的电气层，过孔会被自动放置。手动布置过孔的步骤如下：

①在"Wiring"工具栏中选择布置过孔工具按钮 🔩，或者在主菜单选择"放置"→"过孔"命令启动放置过孔命令。

②单击 Tab 键打开如图 6 -44 所示的"过孔"对话框。

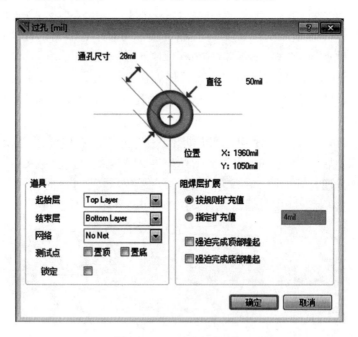

图 6 -44　"过孔"对话框

"过孔"对话框用来设置过孔的属性，其中"道具"区域中的"起始层"编辑框用于设置过孔的起始 PCB 板层，"结束层"用于设置过孔的终止 PCB 板层。对话框中的其余选项与"焊盘"对话框中相应的选项功能相同，读者可参考"焊盘"对话框中的选项介绍。

③在"过孔"对话框中设置好过孔的属性项，然后单击"确定"按钮。

④移动光标到工作区合适位置，单击鼠标即可布置一个过孔。

⑤继续布置其他的过孔，当所有焊盘布置完毕后，单击鼠标右键或按 Esc 键结束过孔的布置。

6.6.5　布置圆弧线

圆弧线是圆形的连线元素，在 PCB 设计中有很多用途，例如，在丝印层用来显示元件的形状，或者在机械层中显示板的轮廓等。圆弧线可以放在任何层，半径可在 0.001 ～ 16000 mil 范围内任意设置，宽度可在 0.001 ～ 10000 mil 范围内任意设置。圆弧线可以单独布置，或者作为连线的一部分在布置连线的过程中布置。布置圆弧线有三种方法，其步骤分别如下：

（1）圆心方式布置圆弧

①在工作区选择需要绘制圆弧的 PCB 板层，单击"应用程序"工具栏中的绘图工具按钮 ![icon]，在弹出的工具栏中选择圆心方式圆弧工具按钮 ![icon]，或者在主菜单中选择"放置"→"圆弧（中心）"命令。状态栏上会显示圆弧的圆心坐标。

②移动光标到将要放置的圆弧的圆心位置，单击鼠标确定圆弧的圆心。

③移动鼠标，调整圆弧所在的圆的半径至合适大小后，单击鼠标确定圆弧所在的圆。

④在圆弧所在的圆上移动光标至圆弧的起点处，单击鼠标确定圆弧起点。

⑤在圆弧所在的圆上移动光标至圆弧的终点处，单击鼠标确定圆弧终点。

这样，一个圆弧就布置完毕，布置圆弧的过程如图 6 - 45 所示。

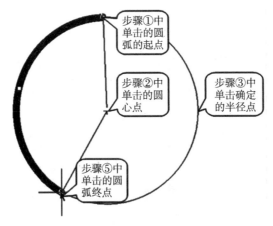

图 6 - 45　圆心方式布置圆弧的过程

⑥重复步骤②~⑤绘制其他圆弧,所有圆弧布置结束后,单击鼠标右键或者按 Esc 键结束圆弧的布置操作。

如果想要定义一个完整的圆,执行到步骤④、⑤的时候,在不移动鼠标的情况下,连续单击鼠标即可。

(2)确定圆弧的两个端点方式布置圆弧

确定圆弧的两个端点布置圆弧的方式只能绘制圆心角为 90° 的圆弧。操作方法如下:

①单击"布线"工具栏中的圆弧工具按钮 ,或者在主菜单中选择"放置"→"圆弧(边沿)"命令。

②移动光标到圆弧的起始点,单击鼠标确定圆弧的起点。

③移动光标到圆弧的终点,单击鼠标确定圆弧的终点,完成一个 90° 圆弧的绘制。

④重复步骤②、③布置新的圆弧。当所有圆弧布置完毕后,单击鼠标右键或者按下 Esc 键结束布置圆弧的操作。

(3)任意角度方式布置圆弧

以圆弧线的一端作为起始点,放置一个任意角度的圆弧线。这种布置圆弧的方法与圆心方式布置圆弧类似,操作方法如下:

①单击"应用程序"工具栏中的绘图工具按钮 ,在弹出的工具栏中选择任意角度圆弧工具按钮 ,或者在主菜单中选择"放置"→"圆弧(任意角度)"命令。

②移动光标到圆弧的起点,单击鼠标确定圆弧的起点。

③移动光标到圆弧的圆心处,单击鼠标确定圆弧的圆心。

④移动光标到圆弧的终点处,单击鼠标确定圆弧的终点。

这样,一个圆弧就布置完毕,布置圆弧的过程如图 6-46 所示。

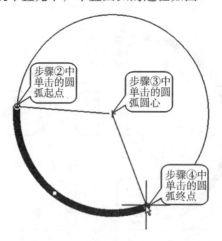

图 6-46　任意角度圆弧布置过程

⑤重复操作②～④布置其他的圆弧。所有圆弧布置结束后，单击鼠标右键或者 Esc 键结束布置圆弧的操作。

（4）直接绘制圆环

①在工作区选择需要绘制圆弧的 PCB 板层，单击"应用程序"工具栏中的绘图工具按钮 ，在弹出的工具栏中选择圆弧工具按钮 ，或者在主菜单中选择"放置"→"圆环"命令。状态栏上会显示圆弧的起点。

②移动光标到将要放置的圆弧的起点位置，单击鼠标确定圆环的起点。

③移动鼠标，调整圆环所在圆的半径至合适大小后，单击鼠标确定圆环大小。

这样，一个圆环就布置完毕，布置圆环的过程如图 6 - 47 所示。

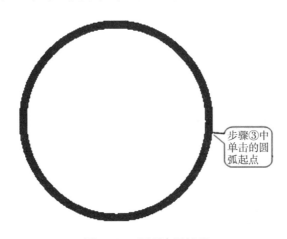

步骤③中单击的圆弧起点

图 6 - 47 圆环布置过程

6.6.6 布置填充区域

Altium Designer 提供的填充区域功能用于在电路板的任意层布置形状为矩形的填充块。如果在信号层布置填充区域，填充的区域就成为实心敷铜区，可以用来进行屏蔽，或者形成传导平面。用户可以将不同大小的填充区域重叠连接，连成不规则形状的敷铜区域。当在非电气层填充时，例如在"Keep Out"层布置一个填充区域，可以用来指定一个自动布线器和自动布局器都"不能进去"的禁区。在电源层、阻焊层或者阻黏层可以用来放置一个填充区域做空白区域。布置填充区域的步骤如下：

①在工作区单击需要布置填充区域的 PCB 板层标签。

②在主菜单中选择"放置"→"填充"命令，或者直接单击"布线"工具栏中的填充工具按钮 启动填充命令。

③单击键盘 Tab 键打开如图 6 - 48 所示的"填充"对话框。

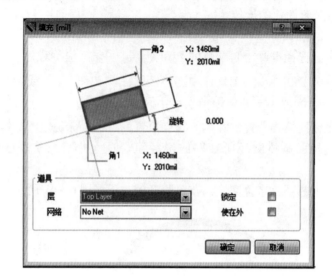

图 6 - 48 "填充"对话框

"填充"对话框用于设置填充的属性，其中选项的功能如下：
- "角 1"和"角 2"中的"X""Y"编辑框用于设置填充区域的两对角点的坐标。
- "旋转"编辑框用于设置填充的矩形区域逆时针旋转的角度。

"道具"区域用于设置填充区域的特性，其中的选项的功能如下：
- "层"下拉列表用于设置填充区域所在的 PCB 板层。
- "网络"下拉列表用于设置填充区域所连的网络。
- "锁定"复选项用于设置锁定该填充区域。
- "使在外"复选项用于设置该填充区域为布线禁区。当选中该项后，系统会在填充区域上添加一个禁止布线边框。

④在"填充"对话框中设置好填充区域的属性，然后单击"确定"按钮。

⑤在工作区移动光标到合适位置，单击鼠标确定填充区域矩形的一个顶点。

⑥移动光标到对角处，单击鼠标定义填充区域矩形的另一个对角的顶点完成这个填充区域的布置。

⑦重复以上操作，继续布置其他填充区域。当所有填充区域布置完毕后，单击鼠标右键或单击 Esc 键结束布置填充区域操作。

6.6.7 布置字符串

Altium Designer 中的字符串可以放在任何层，宽度可从 0.001 ～ 10000mil 之间变化。系统提供 3 种字体绘制文本。默认的形式是简单的矢量字体。这种字体支持笔绘和矢量光绘。

　　所有的文本字符串(元件标号、元件注释和自由文本字符串)都有相同的属性，并能以相同的方法移动和编辑。自由文本可以放在任何层。当元件被放置的时候，元件上的文本被自动地指定在丝印层的顶部或底部即"Top Overlay"或"Bottom Overlay"。这些文本不能被移到其他层。

　　放置字符串的操作方法如下：

　　①在工作区选择放置字符串的 PCB 板层，单击"布线"工具栏中的字符串工具按钮，或者选择"放置"→"字符串"命令。

　　②单击 Tab 键打开如图 6 - 49 所示的"串"对话框。

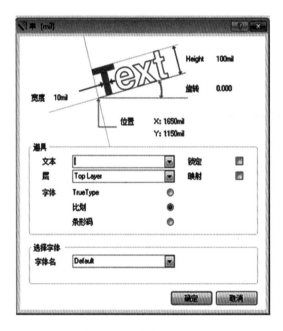

图 6 - 49　"串"对话框

　　"串"对话框用于设置添加的字符串的属性，其中的选项功能如下：

- "宽度"编辑框用于设置文字笔画线条的宽度。
- "高度"编辑框用于设置文字的高度。
- "旋转"编辑框用于设置文字的旋转角度。
- "位置"编辑框用于设置文字左下角的位置坐标。
　　"道具"区域用于设置字符串的性质，其中的选项功能如下：
- "文本"下拉列表用于设置文字的内容。
- "层"下拉列表用于设置布置字符串的 PCB 板层。
- "字体"下拉列表用于设置字符串的字体。
- "锁定"复选框用于锁定字符串。
- "映射"复选框用于镜像翻转字符串。

③在"串"对话框"道具"区域的"文本"下拉列表内输入字符串，或者从列表中选择特殊字符串。

④在"串"对话框中设置好字符串的其他属性，然后单击"确定"按钮。

⑤在工作区单击鼠标，布置字符串到指定位置。放置字符串时，按下 X 或 Y 键可以沿该坐标轴镜像，按下空格键可以旋转字符串。

⑥重复以上步骤，继续布置其他字符串。所有字符串布置完成后，单击鼠标右键或单击 Esc 键结束布置字符串的操作。

在"串"对话框"道具"区域的"文本"下拉列表内提供了特殊字符串"Special Strings"，这些特殊字符串用来放置一些特殊用途的文本，这些文本在打印、绘图或生成 Gerber 文件时将被替换成对应的字符串。特殊字符串的定义如表 6 – 1 所示。

表 6 – 1　特殊字符串及其含义

特殊字符串	表示的含义	特殊字符串	表示的含义
PRINT DATA	打印日期	HOLE COUNT	孔计数
PRINT TIME	打印时间	NET COUNT	网络计数
PRINT SCALE	打印标尺	PAD COUNT	焊盘计数
LAYER NAME	层名	STRING COUNT	字符串计数
PCB FILE NAME	PCB 文件名	TRACK COUNT	连线计数
PCB FILE NAME NO PATH	PCB 无路径文件名	VIA COUNT	过孔计数
PLOT FILE NAME	绘图文件名	DESIGNATOR	标号
ARC COUNT	圆弧线计数	COMMENT	注释
COMPONENT COUNT	元件计数	LEGEND	图例
FILL COUNT	填充计数	NET NAMES ON LAYER	网络层名

6.6.8　布置 PCB 元件封装

元件封装是 PCB 中用得最多的组对象，由元件的引脚焊盘、元件的外形等一组对象组合而成。在由原理图生成 PCB 板图的步骤中，系统会自动将元件的 PCB 封装图布置到 PCB 板层上，用户只需调整元件封装的布局即可。当需要手动添加 PCB 元件封装时，可执行以下步骤：

①在工作区选择需要布置 PCB 元件封装的 PCB 板层，单击"布线"工具栏中的布置 PCB 元件封装工具按钮 ，或者在主菜单中选择"放置"→"器件"命令打开如图 6 – 50 所示的"放置元件"对话框。

图 6 - 50　"放置元件"对话框

②单击"放置元件"对话框"元件详情"区域内的"封装"编辑框右侧的 □ 按钮打开如图 6 - 51 所示的"浏览库"对话框。

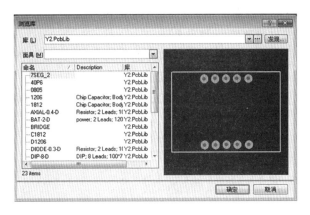

图 6 - 51　"浏览库"对话框

③单击"浏览库"对话框中"库"下拉列表右侧的 □ 按钮打开如图 6 - 52 所示的"可用库"对话框。

④单击"可用库"对话框中的"安装"按钮打开"打开"对话框。

⑤在"打开"对话框中选择需要添加的 PCB 元件封装所在的 PCB 元件封装库文件,然后单击"打开"按钮将该库文件添加到"可用库"对话框的列表中。

⑥单击"可用库"对话框的"关闭"按钮关闭该对话框。

⑦在"浏览库"对话框的"库"下拉列表中选择添加的 PCB 元件封装库,然后再在"浏览库"对话框的 PCB 元件封装列表中选择需要添加的 PCB 元件封装模型,

图 6 – 52　　"可用库"对话框

然后单击"确定"按钮。

⑧单击"放置元件"对话框中的"确定"按钮。

⑨移动光标到合适位置，单击空格键调整 PCB 元件封装的旋转角度，单击鼠标将该 PCB 元件封装布置到 PCB 板上。

⑩重复步骤⑨，在 PCB 板上布置同样的 PCB 元件封装。布置完毕后，单击鼠标右键，或者 Esc 键重新打开"放置元件"对话框。

⑪重复步骤②～⑩，布置其他的 PCB 元件封装。所有的 PCB 元件封装布置结束后，单击"放置元件"对话框中的"取消"按钮，结束布置 PCB 元件封装的操作。

6.6.9　布置多边形敷铜区域

多边形敷铜可以填充板上不规则形状的区域，实现在 PCB 板中的任何连线、焊盘、过孔、填充和文本周围敷铜。当它们被敷铜的时候，可以和一个指定网络的元件焊盘、过孔连接。多边形的边框由线段和圆弧线组成，形成一个单元。布置多边形敷铜区域的方法如下：

①在工作区选择需要设置多边形敷铜的 PCB 板层。

②单击"Wiring"工具栏中的多边形敷铜工具按钮 ▦ ，或者在主菜单中选择"放置"→"多边形敷铜"菜单项打开如图 6 – 53 所示的"多边形敷铜"对话框。

"多边形敷铜"对话框用于设置多边形敷铜区域的属性，其中的选项功能如下：

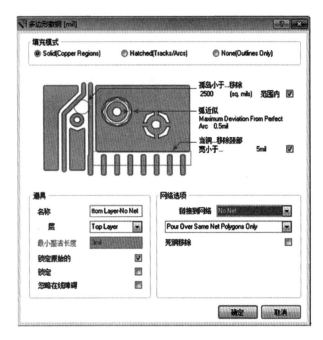

图 6 – 53　"多边形敷铜"对话框

- "填充模式"选项用于设置多边形敷铜区域的模式。其中，"Solide"单选项表示采用无空隙填充，"Hatched"单选项表示使用网状结构填充，"None"单选项表示只填充边框。

　　"道具"区域用于设置多边形敷铜区域的性质，其中的各选项功能如下：
- "名称"表示此填充的名称。
- "层"下拉列表用于设置多边形敷铜区域所在的层。
- "最小整洁长度"编辑框用于设置多边形敷铜区域的精度，该值设置得越小，多边形填充区域就越光滑，但敷铜、屏幕重画和输出需要的时间越多。
- "锁定原始的"复选项用于设置锁定多边形敷铜区域的状态。

　　"网络选项"区域用于设置多边形敷铜区域中的网络，其中的各选项功能如下：
- "链接到网络"下拉列表用于选择与多边形相连的网络，选择好该选项后会激活其他的两个复选项。
- "Pour Over Same Net"复选项。选中该复选项后，多边形敷铜区域将会自动覆盖与该区域相同网络的连线。
- "死铜移除"复选项。选中该复选项后，系统会自动移去死铜。所谓死铜是指在多边形敷铜区域中没有和选定的网络相连的铜膜。当已存在的连线、焊盘和过孔不能和敷铜构成一个连续区域的时候，死铜就生成了。死铜会给电路带来不必要的干扰，因此建议用户选中该选项，自动消除死铜。

③在"多边形敷铜"对话框中设置多边形敷铜区域的属性。

④移动光标，在多边形的起始点单击，定义多边形开始的顶点。

⑤移动光标，持续在多边形的每个折点单击，确定多边形的边界，直到多边形敷铜的边界定义完成。按下 Shift + 空格键或者空格键改变多边形边界连线的放置模式(比如圆弧、任意角度等)。

6.6.10　尺寸标注

尺寸标注是由文本和连线元素组成的特殊实体。在实际设计任务中，由于生产、加工的需要，往往需要提供尺寸的标注。Altium Designer 提供了智能尺寸标注功能。一般来说，尺寸标注通常放置在某个机械层。用户可以从 16 个机械层中指定一个层来做尺寸标注层。根据标注对象的不同，尺寸标注共有以下几种：

(1)直线尺寸标注

对直线距离尺寸进行标注，可按以下步骤操作：

①单击"应用程序"工具栏中的尺寸工具按钮 ![icon]，在弹出的工具栏中选择直线尺寸工具按钮 ![icon]，或者选择"放置"→"尺寸"→"线性的"命令。

②单击 Tab 键打开如图 6 - 54 所示的"线尺寸"对话框。

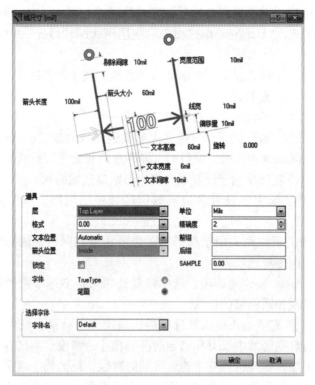

图 6 - 54　"线尺寸"对话框

　　"线尺寸"对话框用于设置直线标注的属性，其中的选项功能如下：

- "剔除间隙"编辑框用来设置尺寸线与标注对象间的距离。
- "宽度范围"编辑框用来设置尺寸延长线的线宽。
- "箭头长度"编辑框用来设置箭头线长度。
- "箭头大小"编辑框用来设置箭头长度（斜线）。
- "线宽"编辑框用来设置箭头线宽。
- "偏移量"编辑框用来设置箭头与尺寸延长线端点的偏移量。
- "高度"编辑框用来设置尺寸字体高度。
- "旋转"编辑框用来设置尺寸标注线拉出的旋转角度。
- "文本宽度"编辑框用来设置尺寸文字线宽。
- "文本高度"编辑框用来设置尺寸文字高度。
- "文本间隙"编辑框用来设置尺寸文字间隙。

　　"道具"区域用来设置直线标注的性质，其中的选项功能如下：

- "层"下拉列表用来设置当前尺寸文本所放置的 PCB 板层。
- "文本位置"下拉列表用来设置当前尺寸文本的放置位置。
- "单位"下拉列表用来设置当前尺寸采用的单位。可以在下拉列表中选择放置尺寸的单位，系统提供了"mils""millimeters""Inches""Centimeters"和"Automatic"共五个选项，其中"Automatic"项表示使用系统定义的单位。
- "精确度"下拉列表用来设置当前尺寸标注精度。下拉列表中的数值表示小数点后面的位数。默认标注精度是 2，一般标注最大是 6，角度标注最大为 5。
- "前缀"编辑框用来设置尺寸标注时添加的前缀。
- "后缀"编辑框用来设置尺寸标注时添加的后缀。
- "SAMPLE"编辑框用来显示用户设置的尺寸标注风格示例。

　　"选择字体"区域用来设置当前尺寸文本所使用的字体。

　　③在"线尺寸"对话框中设置好标注的属性，然后单击"确定"按钮。

　　④移动光标至工作区单击需要标注的距离的一端，确定一个标注箭头位置。

　　⑤移动光标至工作区单击需要标注的距离的另一端，确定另一个标注箭头位置。如果需要垂直标注，可单击空格键旋转标注的方向。

　　⑥重复步骤②、③继续标注其他的水平和垂直距离尺寸。

　　⑦标注结束后，单击鼠标右键，或者单击 Esc 键结束直线尺寸标注操作。

　　（2）其他尺寸标注

　　除直线尺寸标注外，尺寸标注还有角度标注、半径尺寸标注、引线标注、标尺标注、基准标注、中心标注、线性直径标注、射线式直径标注、标准标注和坐标标注等多种标注方式，在此不作细致讲解。

第7章 PCB板图绘制实例

本章将承接第5章设计的4个原理图实例：直流可调稳压电源、防盗报警器、时钟电路、脉冲可调恒流充电器，介绍由原理图生成PCB板的过程，在实例中将分别根据原理图绘制完成PCB板图。

7.1 实例1：具有过流保护的直流可调稳压电源

7.1.1 在项目中新建PCB文档

①启动Altium Designer，在"Projects"工作面板的"工作台"下拉列表中选择"直流稳压电源设计工作区"，如图7-1所示。

图7-1 选择"直流稳压电源设计工作区.DsnWrk"

图7-2 添加"直流稳压电源PCB工程.PrjPcb"

②在"直流稳压电源设计工作区"工作空间下方的"工程"下拉列表中选择"工程"→"添加现有工程"命令，将"直流稳压电源PCB工程.PrjPcb"项目添加到"直流稳压电源设计工作区"下，如图7-2所示。

③在"直流稳压电源PCB工程.PrjPcb"上单击鼠标右键，选择"给工程添加新的"→"PCB"命令，在项目中新建一个名称为"PCB1.PcbDoc"的PCB文件，如图7-3所示。

④在新建的PCB文件上单击鼠标右键，在弹出的下拉菜单中选择"保存"命

248

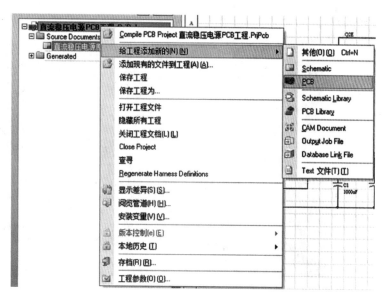

图7-3 添加 PCB 文件

令打开"Save[PCB1. PcbDoc]As..."对话框，如图7-4所示。

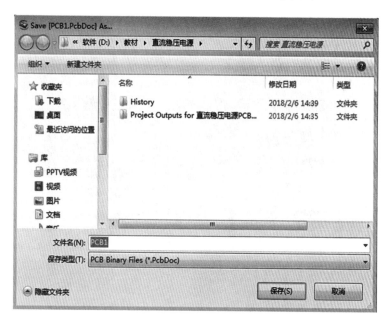

图7-4 "Save[PCB1. PcbDoc]As..."对话框

⑤在"Save[PCB1. PcbDoc]As..."对话框的"文件名"编辑框中输入"直流稳压电源 PCB 文件"，单击"保存"按钮将新建的 PCB 文档保存为"直流稳压电源 PCB 文件. PcbDoc"，如图7-5所示。

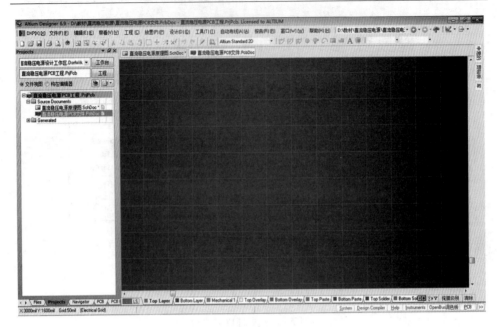

图 7 - 5 新建 PCB 文件

7.1.2 设置 PCB 板

①在主菜单中选择"设计"→"板参数选项"命令打开如图 7 - 6 所示的"板选项"对话框。

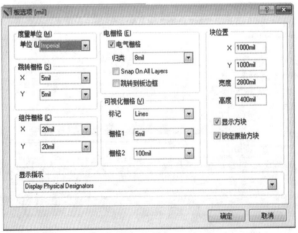

图 7 - 6 "板选项"对话框

②在"板选项"对话框的"度量单位"区域中设置"单位"为"Imperial"，将"块位置"中块位置的坐标(X，Y)设置为(1000mil，1000mil)，宽度设置为 2800mil，

250

高度设置为 1400mil，并勾选"块位置"区域中的"显示方块"复选项，然后单击"确定"按钮。

③在主菜单中选择"设计"→"板子形状"→"重新定义板子形状"命令，工作区 PCB 图纸中的 PCB 板变为黑色。

④移动光标按顺序分别在工作区内 4 个坐标(1000，1000)、(1000，3800)、(2400，3800)和(1000，2400)的点上单击绘制一个矩形区域。

⑤单击鼠标右键重新定义如图 7 - 7 所示的 PCB 板区域。

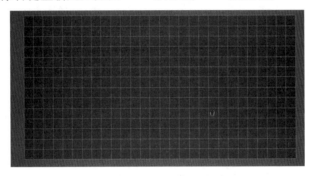

图 7 - 7　重新定义的 PCB 板区域

⑥单击工作区下部的"Keep - Out Layer"层标签，选择"Keep Out"层。

⑦单击"应用工具"工具栏中的网格工具按钮 ⊞，在弹出的菜单中选择"50mil"设置绘图的对齐网格 50mil。

⑧单击"应用工具"工具栏中的绘图工具按钮 ⬟，在弹出的工具栏中选择线段工具按钮 ✎，移动光标按顺序连接工作区内坐标为(1000，1000)、(1000，3800)、(2400，3800)和(1000，2400)的四个点绘制"Keep Out"矩形区域，如图 7 - 8 所示。

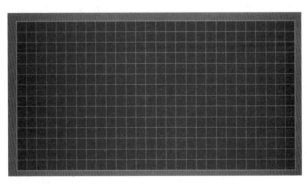

图 7 - 8　绘制禁止布线层

⑨在主菜单中选择"设计"→"层叠管理"命令打开如图 7 - 9 所示的"层堆栈管理器"对话框。

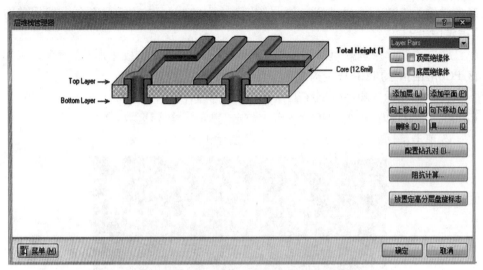

图 7 - 9　"层堆栈管理器"对话框

⑩在"层堆栈管理器"对话框中勾选"顶层绝缘体"复选项和"底层绝缘体"复选项，设置电路板为有阻焊层的双层板，然后单击"确定"按钮。

至此，PCB 板的形状、大小、布线区域和层数就设置完毕了。

7.1.3　导入元件

由于本设计中 T1 和 K1 不放入到 PCB 板中，所以我们在"组件 道具"中删除元件封装，当导入网络表时，系统会报告错误信息，本书忽略由此造成的错误。

①在主菜单中选择"设计"→"Import Changes From 直流稳压电源 PCB 工程.PrjPcb"命令打开如图 7 - 10 所示的"工程上改变清单"对话框。

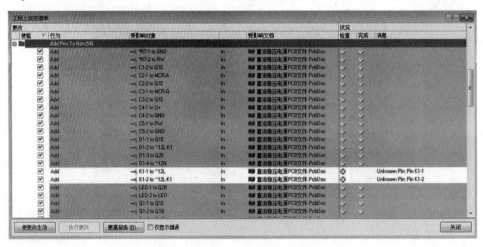

图 7 - 10　"工程上改变清单"对话框

②单击"执行更改"按钮，应用所有已选择的更新，"工程上改变清单"对话框内列表中的"状况"下的"检查"和"完成"列将显示检查更新和执行更新后的结果。如果执行过程中出现问题将会显示"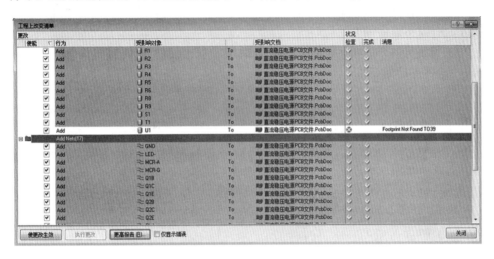"符号，若执行成功则会显示""符号。应用更新后的"工程上改变清单"对话框如图 7 – 11 所示。

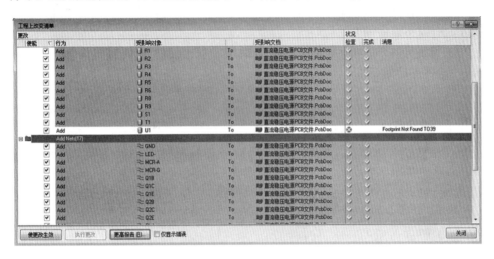

图 7 – 11　应用更新后的"工程上改变清单"对话框

PCB 板图文件的工作区如图 7 – 12 所示，此时 PCB 板图文件的内容与原理图文件"直流稳压电源原理图 . SchDoc"就完全一致了。

图 7 – 12　PCB 工作区内容

③单击"工程上改变清单"对话框中的"关闭"按钮关闭对话框。至此，原理图中的元件和连接关系就导入到 PCB 板图中了。

7.1.4　元件布局

①单击工作区中名称为"直流稳压电源原理图"room 框，按键盘的 delete 键将其删除。

room 框用于限制单元电路的位置，即某一个单元电路中的所有元件将被限制在由 room 框所限定的 PCB 范围内，以便于 PCB 电路板的布局规范，减少干扰，通常用于层次化的模块设计和多通道设计中。由于本项目未使用层次设计，设计中不需要使用 room 边框的功能，为了方便元件布局，可以先将该 room 框删除。

②单击 PCB 图中的元件，将其——拖放到 PCB 图中的"Keep – Out"区域内。为了节约 PCB 板的空间，可以将元件双面布置。在导入元件的过程中，系统自动将元件布置到 PCB 板的正面，需要手工将元件调整到背面。本设计是单面板设计，所以不需要调整。

③下面简单介绍如何设置元件布置的层。双击元件"U1"打开如图 7 – 13 所示的"组件 U1"对话框。

图 7 – 13   "组件 U1"对话框

④在"组件 U1"对话框中"组件 道具"区域内的"层"下拉列表中选择"Bottom Layer"项，单击"确定"按钮关闭该对话框。此时，元件"U1"连同其标志文字都被调整到背面。

本书所有元件都布置在"Top Layer"，所以要把"U1"调整回"Top Layer"。

⑤布置完成后的 PCB 板图如图 7 – 14 所示。

至此，元件布局完毕。

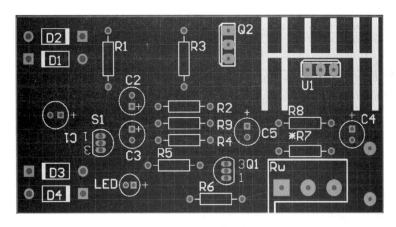

图 7 - 14　布置完成后的 PCB 板图

7.1.5　手工布线

①在主菜单中选择"放置"→"交互式布线"命令，或者单击 ，在"Bottom Layer"点击 D2 正极引脚后按 Tab 键进入"Interactive Routing For Net[~12L – K1]"设置窗口，将"Width from user preferred value"的值设置为 40mil，按"确定"键退出设置。

②绘制完的 PCB 如图 7 - 15 所示。

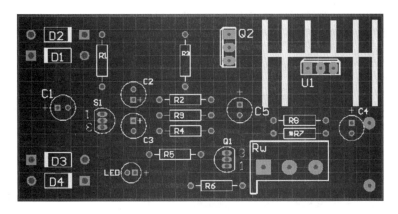

图 7 - 15　绘制好的 PCB 图

③单击保存工具按钮 ，保存 PCB 文件。

至此，PCB 手工布线就结束了。

7.1.6 验证 PCB 设计

①在主菜单中选择"工具"→"设计规则检测"命令打开如图 7 – 16 所示的"设计规则检测"对话框。

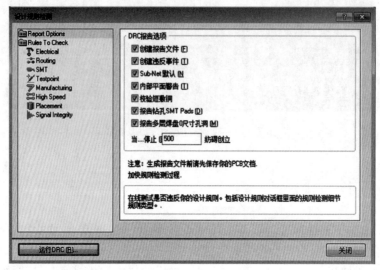

图 7 – 16 "设计规则检测"对话框

②单击"运行 DRC"按钮启动设计规则测试。设计规则测试结束后，系统自动生成如图 7 – 17 所示的检查报告网页文件。

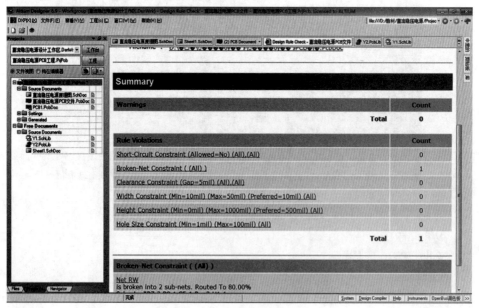

图 7 – 17 检查报告网页

检测报告提醒有一条断线，改正后查看检查报告错误和警告变为 0，**说明系统设计中不存在违反设计规则的问题，系统布线成功。**

7.2　实例 2：防盗报警器

7.2.1　在项目中新建 PCB 文档

①启动 Altium Designer，在"Projects"工作面板的"工作台"下拉列表中选择"防盗报警器设计工作区"工作空间，如图 7 – 18 所示。

图 7 – 18　选择"防盗报警器设计工作区 . DsnWrk"

图 7 – 19　添加"防盗报警器 PCB 工程 . PrjPcb"

②在"防盗报警器设计工作区"工作空间下方的"工程"下拉列表中选择"工程"→"添加现有工程"命令，将"防盗报警器 PCB 工程 . PrjPcb"项目添加到"防盗报警器设计工作区"下，如图 7 – 19 所示。

③在主菜单中选择"文件"→"新建"→"PCB"命令，或者在"防盗报警器 PCB 工程 . PrjPcb"上单击鼠标右键，选择"给工程添加新的"→"PCB"命令，在项目中新建一个名称为"PCB1. PcbDoc"的 PCB 文件，如图 7 – 20 所示。

④在主菜单中选择"文件"→"保存"命令，或者在新建的 PCB 文件上单击鼠标右键，在弹出的下拉菜单中选择"保存"命令打开"Save [ ] As... "对话框，如图 7 – 21 所示。

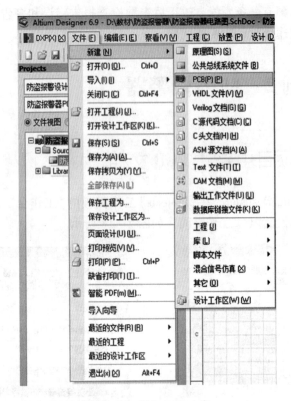

图 7 – 20　添加 PCB 文件

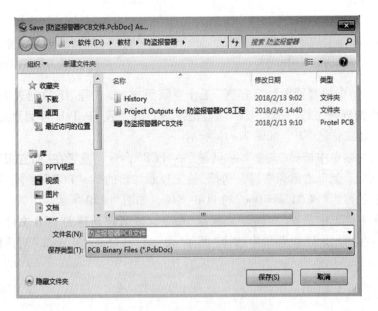

图 7 – 21　"Save[ ] As..."对话框

⑤在"Save[ ] As..."对话框的"文件名"编辑框中输入"防盗报警器 PCB 文件"，单击"保存"按钮将新建的 PCB 文档保存为"防盗报警器 PCB 文件. PcbDoc"文件，如图 7 - 22 所示。

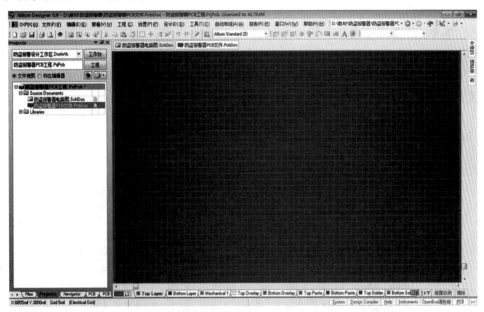

图 7 - 22　新建 PCB 文件

7.2.2　设置 PCB 板

①在主菜单中选择"设计"→"板参数选项"命令打开如图 7 - 23 所示的"板选项"对话框。

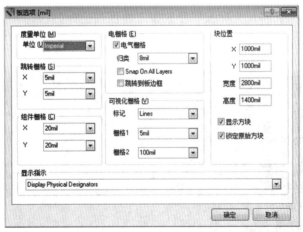

图 7 - 23　"板选项"对话框

②在"板选项"对话框的"度量单位"区域中设置"单位"为"Imperial"，将"块位置"中块位置的坐标(X，Y)设置为(1000mil，1000mil)，宽度设置为2800mil，高度设置为1400mil，并勾选"块位置"区域中的"显示方块"复选项，然后单击"确定"按钮。

③单击"应用工具"工具栏中的网格工具按钮 ▦ ，在弹出的菜单中选择"50mil"设置绘图的对齐网格为50mil。

④在主菜单中选择"设计"→"板子形状"→"重新定义板子形状"命令，工作区 PCB 图纸中的 PCB 板变黑。

⑤移动光标按顺序分别在工作区内 4 个坐标(1000，1000)、(1000，3800)、(2400，3800)和(1000，2400)的点上单击绘制一个矩形区域。

⑥单击鼠标右键，重新定义如图 7-24 所示的 PCB 板区域。

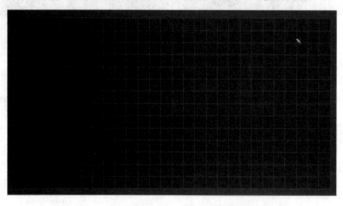

图 7-24　重新定义的 PCB 板区域

⑦单击工作区下部的"Keep-Out Layer"层标签，选择"Keep Out"层。

⑧单击"应用工具"工具栏中的绘图工具按钮 ⬊ ，在弹出的工具栏中选择线段工具按钮 ╱ ，移动光标按顺序连接工作区内坐标为(1000，1000)、(1000，3800)、(2400，3800)和(1000，2400)的四个点绘制"Keep Out"矩形区域，如图 7-25 所示。

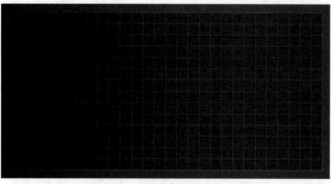

图 7-25　绘制禁止布线层

⑨在主菜单中选择"设计"→"层叠管理"命令打开如图 7 – 26 所示的"层堆栈管理器"对话框。

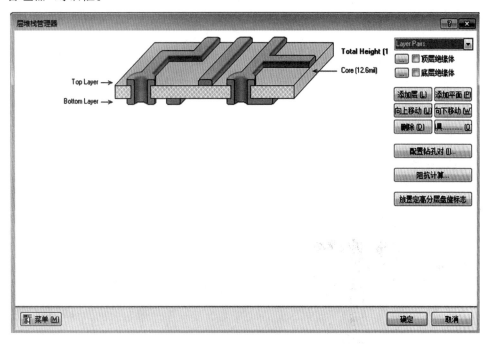

图 7 – 26　"层堆栈管理器"对话框

⑩在"层堆栈管理器"对话框中勾选"顶层绝缘体"复选项和"底层绝缘体"复选项，设置电路板为有阻焊层的双层板，然后单击"确定"按钮。

至此，PCB 板的形状、大小，布线区域和层数就设置完毕了。

7.2.3　导入元件

由于本设计中 T1 和 K1 不放到 PCB 板中，所以我们在"组件　道具"中删除元件封装，当导入网络表时，系统会报告错误信息，本书忽略由此造成的错误。

①在主菜单中选择"设计"→"Import Changes From 防盗报警器PCB 工程 . PrjPcb"命令打开如图 7 – 27 所示的"工程上改变清单"对话框。

②单击"执行更改"按钮，应用所有已选择的更新，"工程上改变清单"对话框内列表中的"状况"下的"检查"和"完成"列将显示检查更新和执行更新后的结果。如果执行过程中出现问题将会显示"❌"符号，若执行成功则会显示"✅"符号。应用更新后的"工程上改变清单"对话框如图 7 – 28 所示。

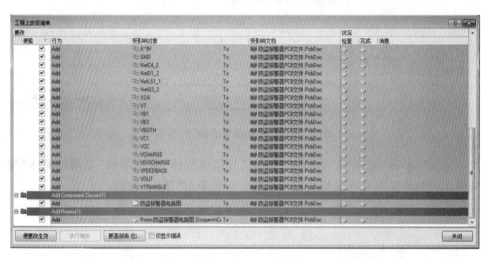

图 7 – 27 "工程上改变清单"对话框

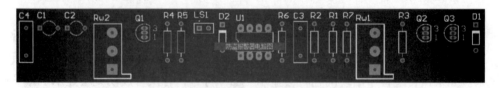

图 7 – 28 应用更新后的"工程上改变清单"对话框

PCB 板图文件的工作区如图 7 – 29 所示。此时 PCB 板图文件的内容与原理图文件"防盗报警器原理图 . SchDoc"就完全一致了。

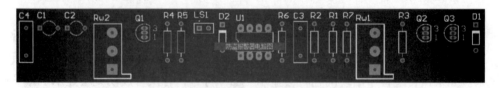

图 7 – 29 PCB 工作区内容

③单击"工程上改变清单"对话框中的"关闭"按钮关闭该对话框。

至此，原理图中的元件和连接关系就导入到 PCB 板中了。

7.2.4　元件布局

①单击工作区中名称为"防盗报警器电路图"room 框，按键盘的 delete 键将其删除。

room 框用于限制单元电路的位置，即某一个单元电路中的所有元件将被限制在由 room 框所限定的 PCB 范围内，便于 PCB 电路板的布局规范，减少干扰，通常用于层次化的模块设计和多通道设计中。由于本项目未使用层次设计，设计中不需要使用到 room 框的功能，为了方便元件布局，可以先将该 room 框删除。

②单击 PCB 图中的元件，将其一一拖放到 PCB 板中的"Keep‐Out"区域内。

为了节约 PCB 板的空间，可以将元件双面布置，在导入元件的过程中，系统自动将元件布置到 PCB 板的正面，需要手工将元件调整到背面。本设计是单面板设计，所以不需要调整。

③布置完成后的 PCB 板如图 7 - 30 所示。

至此，元件布局完毕。

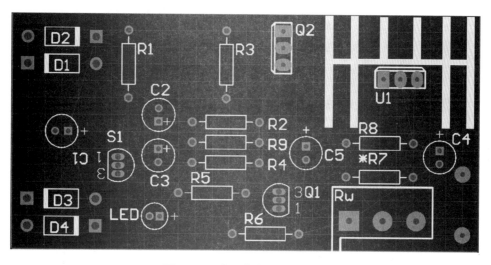

图 7 - 30　布置完成后的 PCB 板

7.2.5　自动布线

①在主菜单中选择"自动布线"→"全部"命令打开如图 7 - 31 所示的"状态行程策略"对话框。

②点击"编辑规则"进入"PCB 规则及约束编辑器"，选择"Routing"下的"Routing Layers"，激活的层只勾选"Bottom Layer"允许布线。

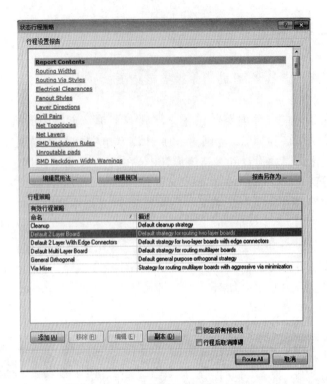

图 7 – 31 "状态行程策略"对话框

③在"状态行程策略"对话框内的"有效行程策略"列表中选择"Default 2 Layer Board"项，单击"Route All"按钮启动 Situs 自动布线器。

自动布线结束后，系统弹出"Messages"工作面板，显示自动布线过程中的信息，如图 7 – 32 所示。

Class	Document	Source	Message	Time	Date	No.
Routing S...	防盗报警器PC...	Situs	Creating topology map	10:16:02	2018/2/13	2
Situs Event	防盗报警器PC...	Situs	Starting Fan out to Plane	10:16:02	2018/2/13	3
Situs Event	防盗报警器PC...	Situs	Completed Fan out to Plane in 0 Seconds	10:16:02	2018/2/13	4
Situs Event	防盗报警器PC...	Situs	Starting Memory	10:16:02	2018/2/13	5
Situs Event	防盗报警器PC...	Situs	Completed Memory in 0 Seconds	10:16:02	2018/2/13	6
Situs Event	防盗报警器PC...	Situs	Starting Layer Patterns	10:16:02	2018/2/13	7
Routing S...	防盗报警器PC...	Situs	Calculating Board Density	10:16:02	2018/2/13	8
Situs Event	防盗报警器PC...	Situs	Completed Layer Patterns in 0 Seconds	10:16:02	2018/2/13	9
Situs Event	防盗报警器PC...	Situs	Starting Main	10:16:02	2018/2/13	10
Routing S...	防盗报警器PC...	Situs	Calculating Board Density	10:16:02	2018/2/13	11
Situs Event	防盗报警器PC...	Situs	Completed Main in 0 Seconds	10:16:02	2018/2/13	12
Situs Event	防盗报警器PC...	Situs	Starting Completion	10:16:02	2018/2/13	13
Situs Event	防盗报警器PC...	Situs	Completed Completion in 0 Seconds	10:16:02	2018/2/13	14
Situs Event	防盗报警器PC...	Situs	Starting Straighten	10:16:02	2018/2/13	15
Situs Event	防盗报警器PC...	Situs	Completed Straighten in 0 Seconds	10:16:02	2018/2/13	16
Routing S...	防盗报警器PC...	Situs	33 of 33 connections routed (100.00%) in 0 Seconds	10:16:02	2018/2/13	17
Situs Event	防盗报警器PC...	Situs	Routing finished with 0 contentions(s). Failed to complete 0 connection(s) in 0 ...	10:16:02	2018/2/13	18

图 7 – 32 "Messages"工作面板

自动布线后的 PCB 板图如图 7 - 33 所示。

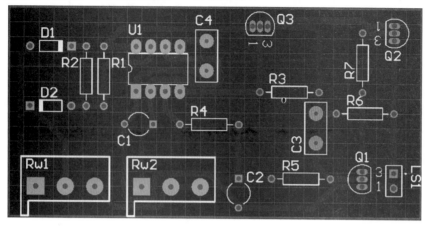

图 7 - 33　自动布线生成的 PCB 板图

观察自动布线的结果可知，对于比较简单的电路，当元件布局合理，布线规则设置完善时，Altium Designer 中的 Situs 布线器的布线效果相当令人满意。如果结果不令人满意，根据结果，首先完善布局，再选择"工具"→"取消布线"，然后再按上述步骤进行自动布线。

④单击保存工具按钮 保存 PCB 文件。

7.2.6　手工完善布局与布线

①将 C1 左右翻转，移动各个元件，并将线布置横平竖直。
②绘制完的 PCB 图如图 7 - 34 所示。

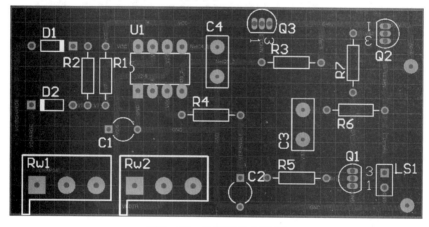

图 7 - 34　绘制好的 PCB 图

③单击保存工具按钮 保存 PCB 文件。

至此，PCB 布线就结束了。通过整个 PCB 板生成过程的学习，可以体会到使用 Altium Designer 进行 PCB 板图的设计过程非常简单、可靠。

7.2.7　验证 PCB 设计

①在主菜单中选择"工具"→"设计规则检测"命令打开如图 7-35 所示的"设计规则检测"对话框。

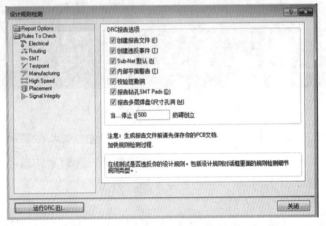

图 7-35　"设计规则检测"对话框

②单击"运行 DRC"按钮启动设计规则测试。

设计规则测试结束后，系统自动生成如图 7-36 所示的检查报告网页文件。

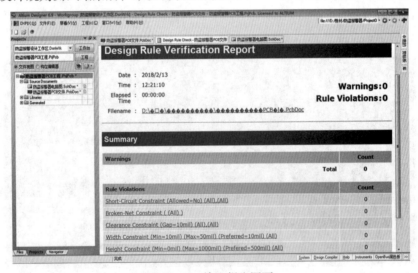

图 7-36　检查报告网页

检测结果显示错误和警告都是 0，布局布线结束。

7.3　实例 3：时钟电路

7.3.1　在项目中新建 PCB 文档

①启动 Altium Designer，在"Projects"工作面板的"工作台"下拉列表中选择"时钟电路设计空间"工作空间，如图 7 – 37 所示。

②在"时钟电路设计空间"工作空间下方的"工程"下拉列表中选择"工程"→"添加现有工程"命令，将"时钟电路 PCB 工程 . PrjPcb"项目添加到"时钟电路设计空间"下，如图 7 – 38 所示。

图 7 – 37　选择"时钟电路设计工作区 . DSNWRK"

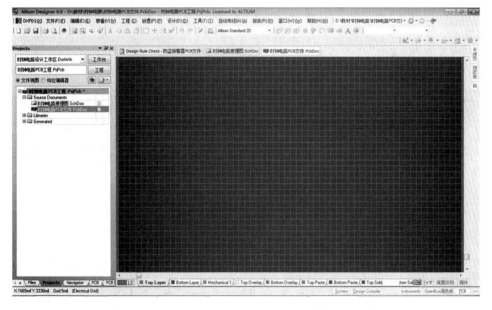

图 7 – 38　添加"时钟电路 PCB 工程 . PrjPcb"

③在"时钟电路 PCB 工程 . PrjPcb"上单击鼠标右键，选择"给工程添加新的"→"PCB"命令，在项目中新建一个名称为"PCB1. PcbDoc"的 PCB 文件，如图 7 – 39

所示。

图 7 – 39　添加 PCB 文件

④在新建的 PCB 文件上单击鼠标右键，在弹出的下拉菜单中选择"保存"命令打开"Save[PCB1. PcbDoc] As..."对话框，如图 7 – 40 所示。

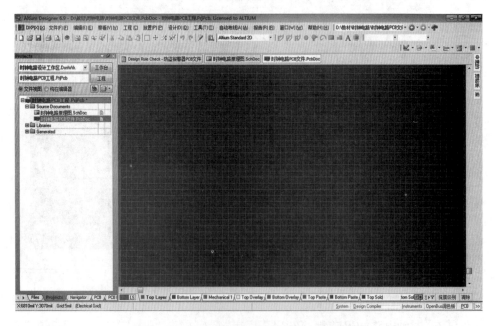

图 7 – 40　"Save[PCB1. PcbDoc] As..."对话框

⑤在"Save[PCB1. PcbDoc] As..."对话框的"文件名"编辑框中输入"时钟电路 PCB 文件",单击"保存"按钮将新建的 PCB 文档保存为"时钟电路 PCB 文件 . PcbDoc"文件。

7.3.2 设置 PCB 板

①在主菜单中选择"设计"→"板参数选项"命令打开如图 7 - 41 所示的"板选项"对话框。

图 7 - 41 "板选项"对话框

②在"板选项"对话框的"度量单位"区域中设置"单位"为"Metric",将"块位置"中块位置的坐标(X,Y)设置为(25mm,25mm),宽度设置为 115mm,高度设置为 115mm,并勾选"块位置"区域中的"显示方块"复选项,其他设置如图 7 - 41"板选项"对话框,然后单击"确定"按钮。

③单击"应用工具"工具栏中的网格工具按钮 ▦,在弹出的菜单中选择"1mm"设置绘图的对齐网格 1mm。

④单击工作区下部的"Keep - Out Layer"层标签,选择"Keep Out"层。

⑤单击"应用工具"工具栏中的绘图工具按钮 ◢,在弹出的工具栏中选择线段工具按钮 ◢,移动光标按顺序连接工作区内坐标为(25,25)、(25,140)、(140,140)和(140,140)的四个点绘制"Keep Out"矩形区域,如图 7 - 42 所示。

⑥在"Keep out"层框选矩形区域,然后在主菜单中选择"设计"→"板子形状"→"按照选择对象定义"命令,工作区 PCB 图纸中的 PCB 板变黑。重新定义如图 7 - 43 所示的 PCB 板区域。

图 7 – 42　绘制禁止布线层

图 7 – 43　重新定义的 PCB 板区域

　　⑦在主菜单中选择"设计"→"层叠管理"命令打开如图 7 – 44 所示的"层堆栈管理器"对话框。

　　⑧在"层堆栈管理器"对话框中勾选"顶层绝缘体"复选项和"底层绝缘体"复选项，设置电路板为有阻焊层的双层板，然后单击"确定"按钮。

　　至此，PCB 板的形状、大小、布线区域和层数就设置完毕了。

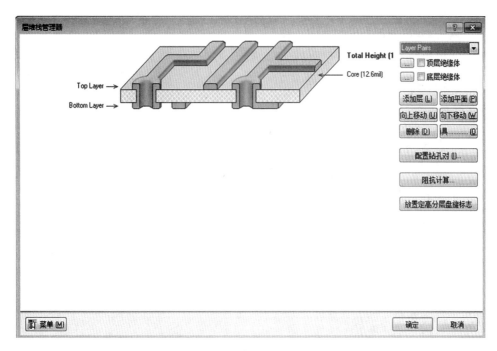

图 7 - 44　"层堆栈管理器"对话框

7.3.3　导入元件

①在主菜单中选择"设计"→"Import Changes From 时钟电路 PCB 工程.PrjPcb"命令打开如图 7 - 45 所示的"工程上改变清单"对话框。

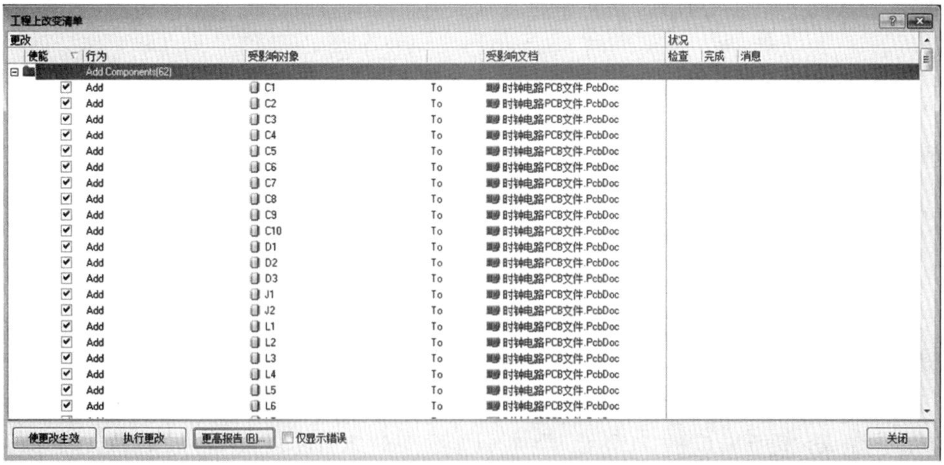

图 7 - 45　"工程上改变清单"对话框

②单击"执行更改"按钮，应用所有已选择的更新，"工程上改变清单"对话框内列表中的"状况"下的"检查"和"完成"列将显示检查更新和执行更新后的结果。如果执行过程中出现问题将会显示" ❌ "符号，若执行成功则会显示" ✅ "符号。应用更新后的"工程上改变清单"对话框如图7-46所示。

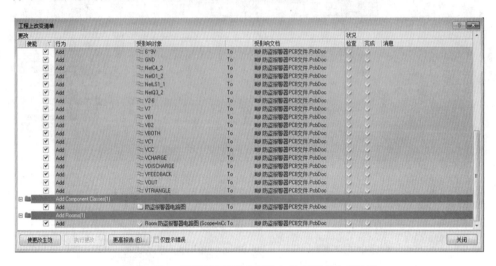

图7-46　应用更新后的"工程上改变清单"对话框

PCB 板图文件的工作区如图7-47所示，此时 PCB 板图文件的内容与原理图文件"时钟电路原理图.SchDoc"就完全一致了。

图7-47　PCB 工作区内容

③单击"工程上改变清单"对话框中的"关闭"按钮关闭该对话框。至此，原理图中的元件和连接关系就导入到 PCB 板中了。

7.3.4　元件布局

①单击工作区中名称为"时钟电路原理图"room 框，按键盘的 delete 键将其删除。

room 框用于限制单元电路的位置，即某一个单元电路中的所有元件将被限制在由 room 框所限定的 PCB 范围内，以便于 PCB 电路板的布局规范，减少干扰，通常用于层次化的模块设计和多通道设计中。由于本项目未使用层次设计，设计不需要使用到 room 边框的功能，为了方便元件布局，可以先将该 room 框删除。

②单击 PCB 图中的元件将其一一拖放到 PCB 板中的"Keep Out"区域内。

为了节约 PCB 板的空间，可以将元件双面布置。在导入元件的过程中，系统自动将元件布置到 PCB 板的正面，需要手工将元件调整到背面。本设计是单面板设计，所以不需要调整。

③布置完成后的 PCB 板如图 7 - 48 所示。J1 的两个定位孔显示为绿色，是由于孔的尺寸超过了规则设置的最大尺寸。选择主菜单"设计"→"规则"命令，将"Routing"下的"RoutingVias"中的"过孔直径"和"过孔孔径大小"的最大尺寸都改为"5mm"。再重新进行规则检测，绿色消失。

至此，元件布局完毕。

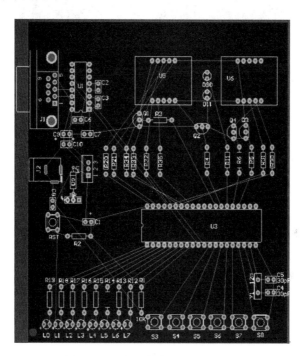

图 7 - 48　布置完成后的 PCB 板图

7.3.5　手工布线

①在主菜单中选择"放置"→"交互式布线"命令，或者单击 ，在"Bottom Layer"点击某个元件引脚后按 Tab 键进入"Interactive Routing For Net［ * ］"设置窗口，将"Width from user preferred value"的值设置为 40mil，按"确定"键退出设置。

绘制完的 PCB 如图 7 - 49 所示。

②单击保存工具按钮 保存 PCB 文件。至此，PCB 手工布线就结束了。

273

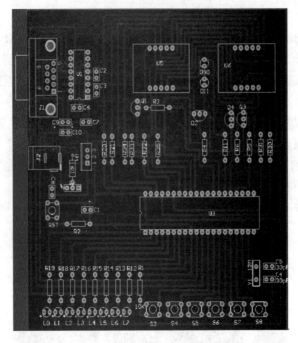

图 7 – 49　绘制好的 PCB 图

7.3.6　验证 PCB 设计

①在主菜单中选择"工具"→"设计规则检测"命令打开如图 7 – 50 所示的"设计规则检测"对话框。

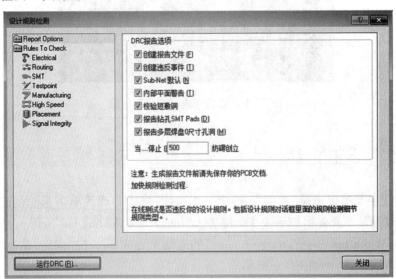

图 7 – 50　"设计规则检测"对话框

②单击"运行 DRC"按钮启动设计规则测试。设计规则测试结束后，系统自动生成如图 7 – 51 所示的检查报告网页。

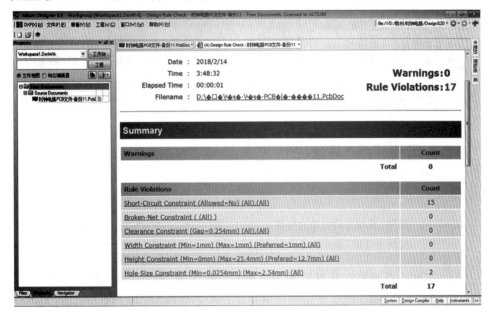

图 7 – 51　检查报告网页

检测报告提醒有 17 个问题，主要原因是有几个 pin 脚没有 net 名称。这里忽略。

7.4　实例 4：脉冲可调恒流充电器

本设计所有元件均采用贴片式封装，单面布线的方式。

7.4.1　在项目中新建 PCB 文档

①启动 Altium Designer，在"Projects"工作面板的"工作台"下拉列表中选择"脉冲可调恒流充电器设计工作区"工作空间，如图 7 – 52 所示。

②在"直流稳压电源设计工作区"工作空间下方的"工程"下拉列表中选择"工程"→"添加现有工程"命令，将"脉冲可调恒流充电器 PCB 工程 . PrjPcb"项目添加到"脉冲可调恒流充电器设计工作区"下，如图 7 – 53 所示。

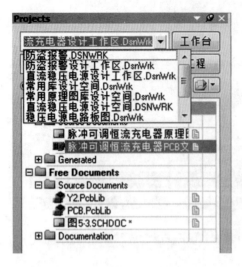 

图 7-52　选择"脉冲可调恒流充电器　　　　图 7-53　添加"脉冲可调恒流充电器
　　　　　设计工作区.DsnWrk"　　　　　　　　　　PCB 工程.PrjPcb"

③在"脉冲可调恒流充电器 PCB 工程.PrjPcb"上单击鼠标右键，选择"给工程添加新的"→"PCB"命令，在项目中新建一个名称为"PCB1.PcbDoc"的 PCB 文件，如图 7-54 所示。

图 7-54　添加 PCB 文件

④在新建的 PCB 文件上单击鼠标右键，在弹出的下拉菜单中选择"保存"命令打开"Save[PCB1.PcbDoc] As…"对话框，如图 7-55 所示。

⑤在"Save[PCB1.PcbDoc] As…"对话框的"文件名"编辑框中输入"脉冲可调恒流充电器 PCB 文件"，单击"保存"按钮将新建的 PCB 文档保存为"脉冲可调恒流充电器 PCB 文件.PcbDoc"文件，如图 7-56 所示。

图 7 - 55　"Save[PCB1. PcbDoc] As..."对话框

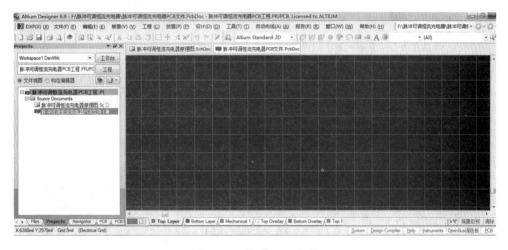

图 7 - 56　新建 PCB 文件

7.4.2　设置 PCB 板

①在主菜单中选择"设计"→"板参数选项"命令打开如图 7 - 57 所示的"板选项"对话框。

图 7 – 57   "板选项"对话框

②在"板选项"对话框的"度量单位"区域中设置"单位"为"Imperial"，将"块位置"中块位置的坐标(X，Y)设置为(1000mil，1000mil)，宽度设置为1000mil，高度设置为500mil，并勾选"块位置"区域中的"显示方块"复选项，然后单击"确定"按钮。

③单击"应用工具"工具栏中的网格工具按钮 ▦ ，在弹出的菜单中选择"50mil"设置绘图的对齐网格50mil。

④在主菜单中选择"设计"→"板子形状"→"重新定义板子形状"命令，工作区 PCB 图纸中的 PCB 板变黑。

⑤移动光标按顺序分别在工作区内 4 个坐标(1000，1000)、(3300，1000)、(2200，1000)和(3300，2200)的点上单击绘制一个矩形区域。

⑥单击鼠标右键，重新定义如图 7 – 58 所示的 PCB 板区域。

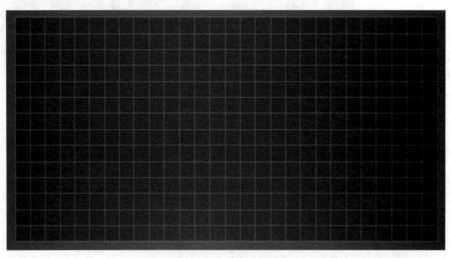

图 7 –58   重新定义的 PCB 板区域

⑦单击工作区下部的"Keep – Out Layer"层标签，选择"Keep Out"层。

⑧单击"应用工具"工具栏中的绘图工具按钮 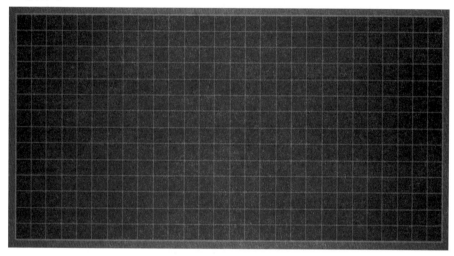，在弹出的工具栏中选择线段工具按钮 ✏️，移动光标按顺序连接工作区内坐标为（1000，1000）、（3300，1000）、（2200，1000）和（3300，2200）的四个点绘制"Keep Out"矩形区域，如图 7 – 59 所示。

图 7 – 59　绘制禁止布线层

⑨在主菜单中选择"设计"→"层叠管理"命令打开如图 7 – 60 所示的"层堆栈管理器"对话框。

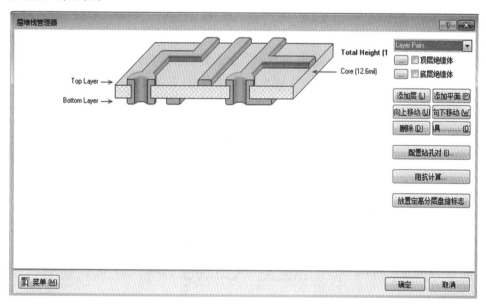

图 7 – 60　"层堆栈管理器"对话框

⑩在"层堆栈管理器"对话框中勾选"顶层绝缘体"复选项和"底层绝缘体"复选项，设置电路板为有阻焊层的双层板，然后单击"确定"按钮。

至此，PCB 板的形状、大小、布线区域和层数就设置完毕了。

7.4.3 导入元件

将前面章节制作好的"脉冲可调恒流充电器原理图 . SchDoc"生成的网络表导入到 PCB 文件中。

①在主菜单中选择"设计"→"Import Changes From 脉冲可调恒流充电器 PCB 工程 . PrjPcb"命令打开如图 7－61 所示的"工程上改变清单"对话框。

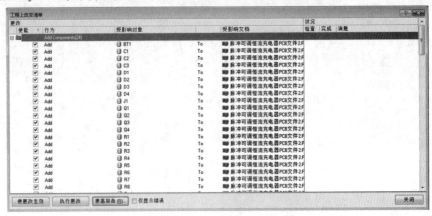

图 7－61 "工程上改变清单"对话框

②单击"执行更改"按钮，应用所有已选择的更新，"工程上改变清单"对话框内列表中的"状况"下的"检查"和"完成"列将显示检查更新和执行更新后的结果。如果执行过程中出现问题将会显示" ❌ "符号，若执行成功则会显示" ✅ "符号。应用更新后的"工程上改变清单"对话框如图 7－62 所示。

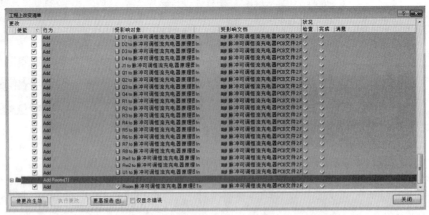

图 7－62 应用更新后的"工程上改变清单"对话框

PCB 板图文件的工作区如图 7 – 63 所示，此时 PCB 板图文件的内容与原理图文件"脉冲可调恒流充电器原理图 . SchDoc"就完全一致了。

图 7 – 63　PCB 工作区内容

③单击"工程上改变清单"对话框中的"关闭"按钮关闭该对话框。至此，原理图中的元件和连接关系就导入到 PCB 板中了。

7.4.4　元件布局

①单击工作区中名称为"脉冲可调恒流充电器原理图"room 框，按键盘的 Delete 键将其删除。

②单击 PCB 图中的元件，将其一一拖放到 PCB 板中的"Keep – Out"区域内。布置完成后的 PCB 板如图 7 – 64 所示。

至此，元件布局完毕。

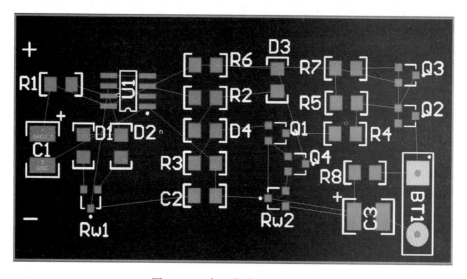

图 7 – 64　布置完成后的 PCB 板

7.4.5　手工布线

①在主菜单中选择"放置"→"交互式布线"命令，或者单击 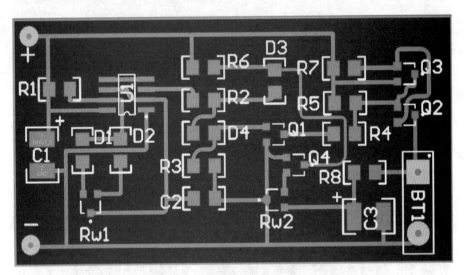 ，在"Top Layer"点击某个元件引脚后按 Tab 键，进入"Interactive Routing For Net[*]"设置窗口，将"Width from user preferred value"的值设置为 20mil，按"确定"键退出设置。

绘制完的 PCB 图如图 7 –65 所示。

图 7 –65　绘制好的 PCB 图

②单击保存工具按钮 保存 PCB 文件。

至此，PCB 手工布线就结束了。

7.4.6　验证 PCB 设计

①在主菜单中选择"工具"→"设计规则检测"命令打开如图 7 –66 所示的"设计规则检测"对话框。

②单击"运行 DRC"按钮启动设计规则测试。

设计规则测试结束后，系统自动生成如图 7 –67 所示的检查报告网页。

检测报告提醒有一条断线。改正后查看检查报告错误和警告变为 0，说明系统设计中不存在违反设计规则的问题，系统布线成功。

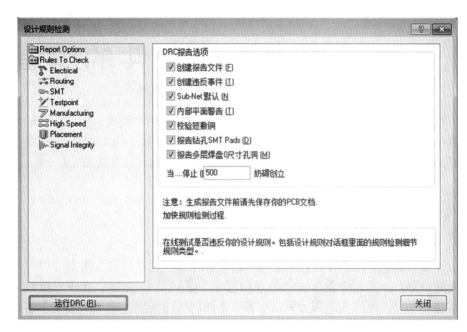

图 7 - 66　"设计规则检测"对话框

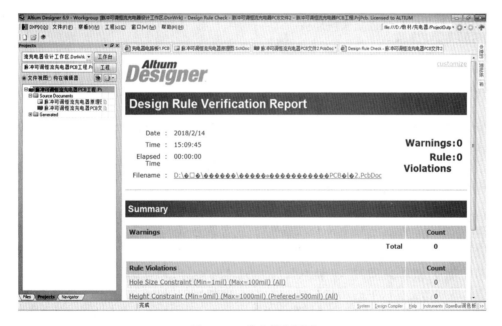

图 7 - 67　检查报告网页

第8章 原理图库文件的编辑

尽管 Altium Design 提供了大量的原理图库文件供用户调用，但在实际的设计过程中总会出现一些在当前元件库中找不到的元件，因此 Altium Designer 提供了自定义元件库的功能。本章将介绍创建自定义原理图元件库的方法。

8.1 创建原理图元件库文件

原理图集成库是各种元件逻辑符号的集合，一些元件只包含矩形外形和一定数量的引脚；一些元件包含抽象的逻辑符号，譬如符号"→▷▏—"代表二极管；另外有些芯片元件要用几个部分来表示多个不同的功能模块。原理图集成库创建步骤大体分为下面四步：

①创建集成库包。

②增加原理图符号元件。

③为元件符号建立模块连接。

④编译集成库。

8.1.1 新建元件库文件

在自定义原理图元件库之前，用户需要创建一个库文件。本小节将介绍具体步骤。

①启动 Altium Designer，选择"文件"→"新建"→"设计工作区"，创建默认名称为"Workspace1. DsnWrk"的设计工作区。

②单击工具栏中的新建按钮 ▯，在左侧弹出的"Files"工作面板中选择"新建"→"Blank Project(Library Package)"，或者单击"Projects"工作面板上的"工作台"按钮，在弹出的菜单中选择"添加新的工程"→"集成库"命令，在当前工作空间中添加一个默认名为"Integrated_ Library1. LibPkg"的 PCB 工程文件。

③单击工具栏中的新建按钮 ▯，在左侧弹出的"Files"工作面板中选择"新建"→"Other Document"→"Schematic Library Document"，或者在主菜单选择"文件"→"新建"→"库"→"原理图库"命令，新建一个默认名称为"Schlib1. SchLib"的原理图库文件。

④单击工具栏中的保存按钮 ▮，打开"Save[Schlib1. SchLib] As... "对话框，在文件名编辑框中输入"常用原理图库"，单击"保存"按钮，将原理图元件库文

284

件名称改为"常用原理图库.SchLib"，并保存。

⑤在"Projects"工作面板上选择"Integrated_Library1.LibPkg"名称，在主菜单中选择"文件"→"保存工程为"命令，在"Save［Integrated_Library1］As..."对话框的"文件名"编辑框中输入"常用库集成包工程"，将保存地址改为本设计的文件夹地址，单击"保存"按钮将 PCB 项目文件保存为"常用库集成包工程.LibPkg"。

⑥在"Projects"工作面板上选择"工作台"，在弹出菜单中选择"保存设计工作区"，或者在主菜单中选择"文件"→"保存设计工作区为"命令，在"Save［ExampleWorkspace.DsnWrk］As..."对话框的"文件名"编辑框中输入"常用库设计工作区"，单击"保存"按钮保存该工作空间为"常用库设计工作区.DsnWrk"，如图 8 -1 所示。

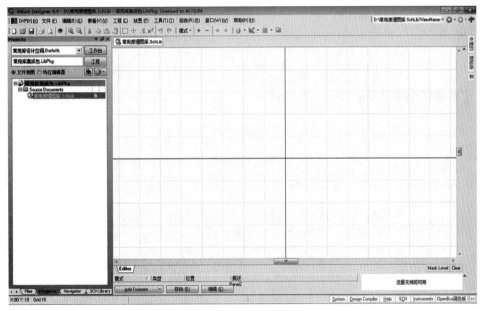

图 8 -1　新建原理图库

完成以上步骤后，名为"常用原理图库"的空白元件库文件就创建完毕了。

8.1.2　LM317 元件原理图创建

本小节将通过为"常用原理图库"元件库添加 LM317 原理图元件的实例，介绍元件的自定义方法。图 8 -2 为 LM317 的外形图。

①启动 Altium Designer，打开"常用原理图库.SchLib"文件，显示如图 8 -3 所示的原理图元件编辑界面。

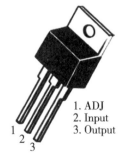

1. ADJ
2. Input
3. Output

图 8 -2　LM317 的外形图

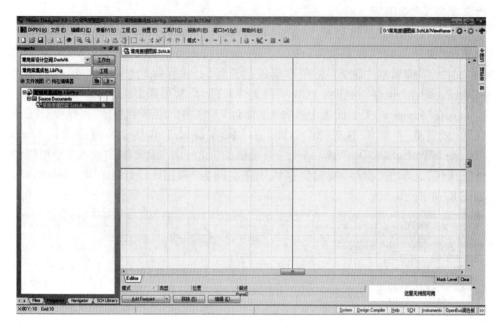

图 8-3　原理图元件编辑界面

②在工作区单击鼠标右键，在弹出的右键菜单中选择"选项"→"文档选项"命令打开如图 8-4 所示的"库编辑器工作台"对话框。

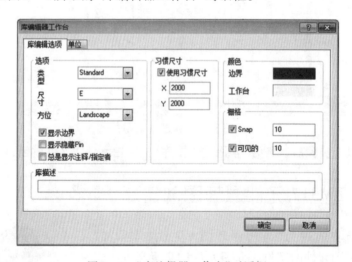

图 8-4　"库编辑器工作台"对话框

③单击"库编辑器工作台"对话框上部的"单位"选项卡打开"单位"选项卡，如图 8-5 所示。

④在"单位"选项卡内的"英制单位系统"选项区域内勾选"实用英制单位系统"选项框，将绘图单位设置为英制。

图 8 - 5 "单位"选项卡

⑤单击"库编辑器工作台"对话框上部的"库编辑选项"选项卡打开"库编辑选项"选项卡。

⑥在"库编辑器工作台"对话框中的"栅格"选项区域内的"Snap"编辑框中输入"1",将对齐网格的边长设置为1,然后单击"确定"按钮关闭"库编辑器工作台"对话框。

⑦选择"放置"→"矩形"命令,或者单击工具栏中的绘图工具按钮 ，在弹出的工具栏中选择绘制多边形工具 ，单击键盘上的 Tab 键打开如图 8 - 6 所示的"长方形"对话框。

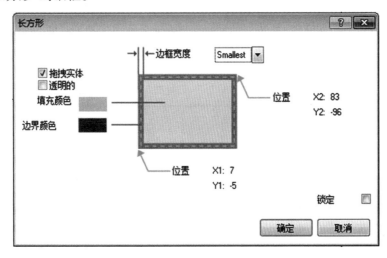

图 8 - 6 "多边形"对话框

⑧单击"多边形"对话框中的"填充颜色"色彩块打开如图 8-7 所示的"选择颜色"对话框。

⑨在"选择颜色"对话框中单击第"218"号色彩，然后单击"确定"按钮将填充颜色设置为淡黄色。

⑩采用同样方法将"边界颜色"设置为第"235"号棕色，单击"边界宽度"右侧的选项，在弹出的下拉列表中选择"Small"，然后单击"确定"按钮结束多边形的设置。

⑪首先随便在工作区内任意两个点上单击鼠标绘制一个长方形，然后鼠标右键选择"特性"，再单击鼠标左键，进入"长方形"对话框，如图 8-8 所示。

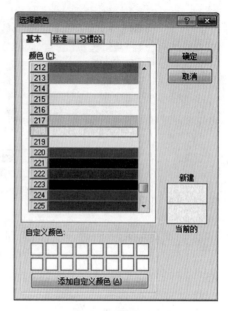

图 8-7 "选择颜色"对话框

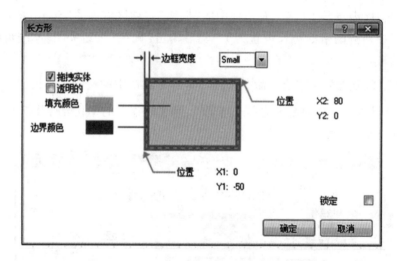

图 8-8 输入长方形两个顶点的坐标

⑫在多边形对话框内选择"顶点"，输入两个点的坐标(0, -50)和(80, 0)绘制如图 8-9 所示的长方形，然后单击"确定"按钮退出"多边形"对话框。

⑬选择主菜单中的"放置"→"引脚"命令，或者单击工具栏中的绘图工具按钮 ，在弹出的工具栏中选择添加引脚工具按钮 ，然后单击键盘上的 Tab 键打开如图 8-10 所示的"Pin 特性"对话框。

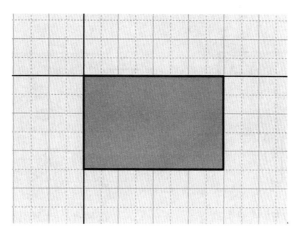

图 8 - 9　绘制的长方形

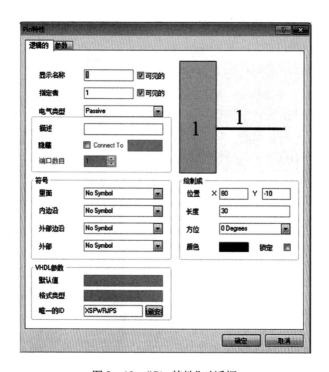

图 8 - 10　"Pin 特性"对话框

⑭在"Pin 特性"对话框中的"显示名称"编辑框中输入"ADJ"设置引脚的名称为 ADJ,在"指定者"编辑框中输入"1"设置引脚编号为 1,在"电气类型"下拉列表中选择"Passive",然后单击"确定"按钮关闭"Pin 特性"对话框。

⑮在工作区中坐标为(40,-50)的位置单击鼠标左键,或者在"Pin 特性"对话框中"绘制成"区域输入位置 X(40),Y(-50),"方位"选择为"270 Degrees",

按"确定"按钮，然后单击鼠标左键，布置的 1 号引脚如图 8 - 11 所示。

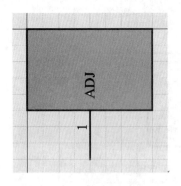

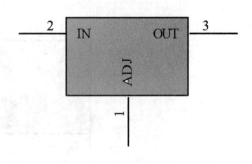

图 8 - 11　布置的 1 号引脚　　　　　　　图 8 - 12　布置引脚位置

　　由于 LM317 共有 3 个功能不同的引脚，可以按照步骤⑭～⑮介绍的方法一一进行设置。用户也可以先布置完所有的引脚，然后使用引脚编辑功能对引脚进行集中编辑。

　　⑯按照图 8 - 12 所示位置布置其他引脚。布置过程中可使用键盘的空格键旋转引脚。布置时只需注意引脚的编号正确，引脚名称和类型可在下一步编辑更正。

　　⑰单击工作区域右侧的"SCH Library"选项标签，打开如图 8 - 13 所示的"SCH Library"选项卡。

　　⑱在"SCH Library"选项卡上部的元件列表中选择当前元件"Component_1"，单击"编辑"按钮打开如图 8 - 14 所示的"Library Component Properties"对话框。

　　⑲单击对话框左下方的"编辑"按钮打开如图 8 - 15 所示的"元件 Pin 编辑器"对话框。

　　⑳在"元件 Pin 编辑器"对话框中有一个当前引脚的列表，用户可以直接修改引脚的各种属性。本例中，元件 LM317 的各引脚属性如表 8 - 1 所示。

图 8 - 13　"SCH Library"选项卡

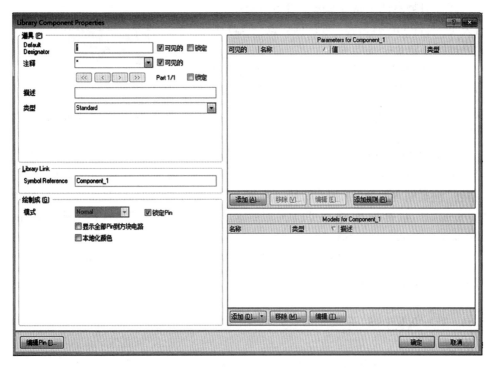

图 8 – 14　"Library Component Properties"对话框

图 8 – 15　"元件 Pin 编辑器"对话框

表 8 – 1　LM317 的各引脚属性

引脚编号	引脚名称	引脚类型	引脚功能描述
1	ADJ	Passive	调整端
2	IN	Input	直流输入端
3	OUT	Output	直流输出端

㉑各引脚属性编辑完成后，单击"确定"按
钮关闭"元件 Pin 编辑器"对话框。此时 LM317
的原理图如图 8 - 16 所示。

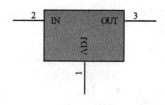

㉒在"SCH Library"选项卡上部的元件列表
中选择当前元件"Component_1"，单击"编辑"
按钮再次打开"Library Component Properties"对
话框。

图 8 - 16　编辑完成的引脚

㉓在"Library Component Properties"对话框中的"Properties"选项区域内的
"Default Designator"编辑框内输入"U?"，在"注释"编辑框内输入"LM317"，在
"描述"编辑框内输入"三端集成稳压器芯片"，然后在"Library Link"选项区域内
的"Symbol"编辑框内输入"LM317"，然后单击"确定"按钮关闭"Library
Component Properties"对话框。

㉔单击工作栏中的保存按钮 🖫 保存原理图元件库文件。至此，一个名为
"LM317"器件的元件就完成了。

8.1.3　NE555 元件原理图创建

接下来，通过创建 8 个引脚的元件 NE555
的原理图实例，介绍元件的原理图创建方法。
图 8 - 17 为技术资料中的 NE555 的结构原理图。

在进行原理图库的设计时，以下是具体
步骤。

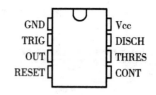

①启动 Altium Designer，打开之前已经创建
的元件库文件"常用原理图库.SchLib"文件。

图 8 - 17　NE555 的结构原理图

②单击工作界面左侧的"SCH Library"选项标签打开"SCH Library"选项卡，
单击元件列表下方的"添加"按钮打开如图 8 - 18 所示的"New Component Name"
对话框。

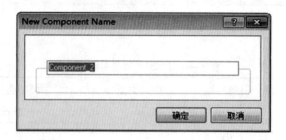

图 8 - 18　"New Component Name"对话框

③在"New Component Name"对话框的编辑框中输入新元件的名称"NE555"，单击"确定"按钮新建一个名称为"NE555"的新元件。

④在工作区单击鼠标右键，在弹出的右键菜单中选择"选项"→"文档选项"命令打开如图 8 – 19 所示的"库编辑器工作台"对话框。

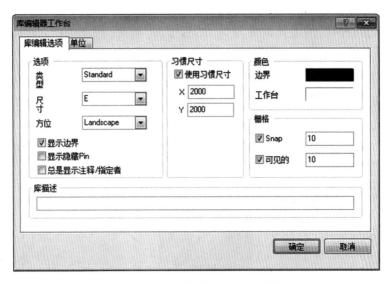

图 8 – 19　"库编辑器工作台"对话框

⑤单击"库编辑器工作台"对话框上部的"单位"选项卡标签打开如图 8 – 20 所示的"单位"选项卡。

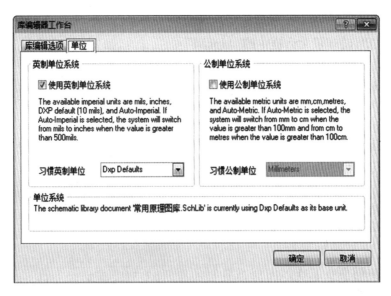

图 8 – 20　"单位"选项卡

⑥在"单位"选项卡内的"英制单位系统"选项区域内勾选"实用英制单位系统"选项框将绘图单位设置为英制。

⑦单击"库编辑器工作台"对话框上部的"库编辑选项"选项卡标签打开"库编辑选项"选项卡，如图 8 – 19 所示。

⑧在"库编辑器工作台"对话框中的"栅格"选项区域内的"Snap"编辑框中输入"1"，将对齐网格的边长设置为 1，然后单击"确定"按钮关闭"库编辑器工作台"对话框。

⑨选择"放置"→"矩形"命令，或者单击工具栏中的绘图工具按钮 ![icon]，在弹出的工具栏中选择绘制多边形工具 ![icon]，单击键盘上的 Tab 键打开如图 8 – 21 所示的"长方形"对话框。

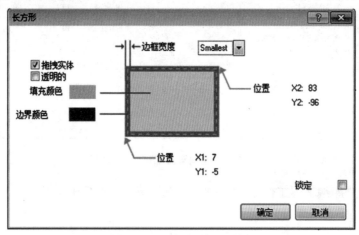

图 8 – 21　"长方形"对话框

⑩单击"长方形"对话框中的"填充颜色"色彩块打开如图 8 – 22 所示的"选择颜色"对话框。

⑪在"选择颜色"对话框中单击第"218"号色彩，然后单击"确定"按钮将填充颜色设置为淡黄色。

⑫采用同样方法将"边界颜色"设置为第"235"号棕色，单击"边界宽度"右侧的选项，在弹出的下拉列表中选择"Small"，然后单击"确定"按钮结束长方形的设置。

⑬首先随便在工作区内任意两个点上单击鼠标绘制一个长方形，然后鼠标右键选择"特性"，再单击鼠标左键，进

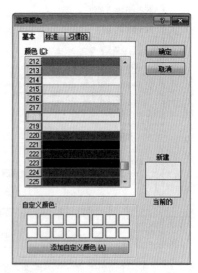

图 8 – 22　"选择颜色"对话框

入"长方形"对话框，如图 8 – 23 所示。

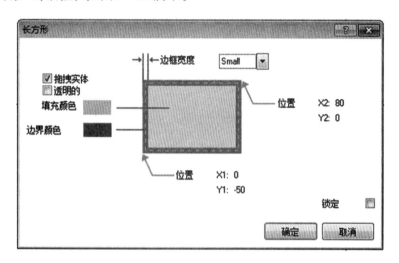

图 8 – 23　输入长方形两个顶点的坐标

⑭在长方形对话框内选择"顶点"，输入两个顶点坐标(0，－100)和(90，0)，绘制如图 8 – 24 所示的长方形，然后单击"确定"按钮退出"长方形"对话框。

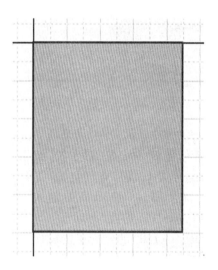

图 8 – 24　绘制的长方形

⑮选择主菜单中的"放置"→"引脚"命令，或者单击工具栏中的绘图工具按钮 ，在弹出的工具栏中选择添加引脚工具按钮 ，然后单击键盘上的 Tab 键打开如图 8 – 25 所示的"Pin 特性"对话框。

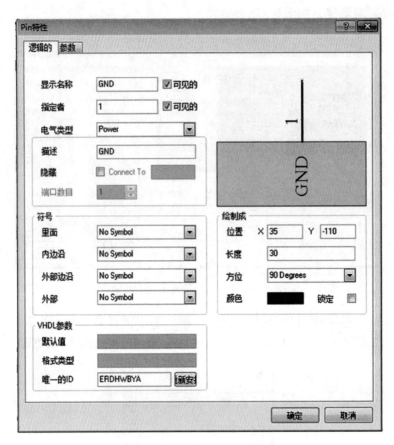

图 8 – 25   "Pin 特性"对话框

⑯在"Pin 特性"对话框中的"显示名称"编辑框中输入"GND"设置引脚的名称为 GND，在"指定者"编辑框中输入"1"设置引脚编号为 1，在"电气类型"下拉列表中选择"Power"，在"描述"编辑框中输入"GND"，单击"确定"按钮关闭"Pin 特性"对话框。

⑰在工作区中坐标(35，－110)的位置单击鼠标左键，或者在"Pin 特性"对话框中"绘制成"区域输入位置 X(35)，Y(－110)，"方位"选择"90 Degrees"，按"确定"按钮后单击鼠标左键，布置的 1 号引脚如图 8 – 26 所示。

由于 NE555 共有 8 个功能不同的引脚，可以按照步骤⑬～⑭介绍的方法一一进行设置。用户也可以先布置完所有的引脚，然后使用引脚编辑功能对引脚进行集中编辑。

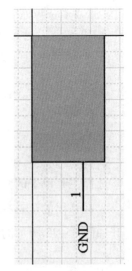

图 8 – 26   布置的 1 号引脚

⑱按照图 8-27 所示位置布置其他引脚。布置过程中可使用键盘的空格键旋转引脚。布置时只需注意引脚的编号正确，引脚名称和类型可在下一步编辑更正。

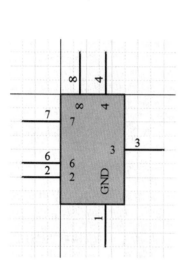

图 8-27　布置引脚位置

图 8-28　"SCH Library"选项卡

⑲单击工作区域右侧的"SCH Library"选项卡标签打开如图 8-28 所示的"SCH Library"选项卡。

⑳在"SCH Library"选项卡上部的元件列表中选择当前元件"Component_1"，单击"编辑"按钮打开如图 8-29 所示的"Library Component Properties"对话框。

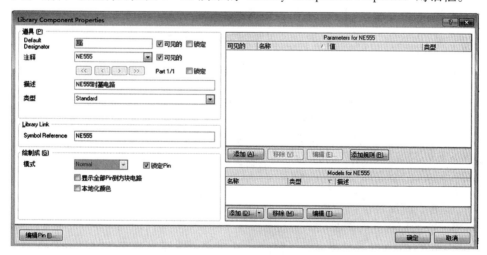

图 8-29　"Library Component Properties"对话框

㉑单击"Library Component Properties"对话框左下方的"编辑"按钮打开如图 8 - 30 所示的"元件 Pin 编辑器"对话框。

图 8 - 30 "元件 Pin 编辑器"对话框

㉒在"元件 Pin 编辑器"对话框中有一个当前引脚的列表，用户可以直接修改引脚的各种属性。由于 RESET 引脚是负电压有效，所以文字"RESET"需要加上画线，每个字母前加"＼"即可实现，如图 8 - 30 所示。此外在"RESET"的 pin 特性窗口中"符号"栏下的"外部边沿"选为"Dot"。本例中，元件 NE555 的各引脚属性如表 8 - 2 所示。

表 8 - 2　NE555 的各引脚属性

引脚编号	引脚名称	引脚类型	引脚功能描述
1	GND	Power	直流电地
2	TRIG	Input	触发电压
3	OUT	Output	直流输出端
4	RESET	Input	复位端
5	CONT	Passive	基准电压调整端
6	THRES	Input	门限电压
7	DISCH	Passive	放电或地切换
8	VCC	Power	电源输入

㉓各引脚属性编辑完成后单击"确定"按钮关闭"元件 Pin 编辑器"对话框。此时 NE555 的原理图如图 8 - 31 所示。

㉔在"SCH Library"选项卡上部的元件列表中选择当前元件"Component_1"，单击"编辑"按钮再次打开"Library Component Properties"对话框。

㉕在"Library Component Properties"对话框中的"Properties"选项区域内的"Default Designator"编辑框内输入"U?"，在"注释"编辑框内输入"NE555"，在"描述"编辑框内输入"NE555 时基电路"，然后在"Library Link"选项区域内的"Symbol"编辑框内输入"NE555"，然后单击"确定"按钮关闭"Library Component Properties"对话框。

㉖单击工作栏中的保存按钮 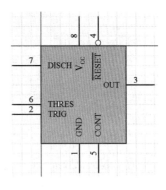 保存原理图元件库文件。

图 8 - 31　编辑完成的引脚

至此，一个名为"NE555"的元件就完成了。

8.1.4　MAX232 元件原理图创建

接下来，通过创建 16 个引脚的元件 MAX232 的原理图实例介绍元件的原理图创建方法。图 8 - 32 为技术资料中的 MAX232 的结构原理图。

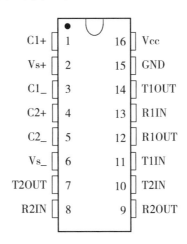

图 8 - 32　MAX232 的结构原理图

在进行原理图库的设计时，以下是具体步骤：

①启动 Altium Designer，打开之前已经创建的元件库文件"常用原理图库. SchLib"文件。

②单击工作界面左侧的"SCH Library"选项卡标签打开"SCH Library"选项卡，单击元件列表下方的"添加"按钮打开如图 8 - 33 所示的"New Component Name"对话框。

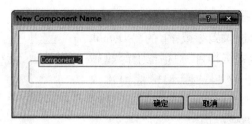

图 8 – 33   "New Component Name"对话框

③ 在"New Component Name"对话框的编辑框中输入新元件的名称"MAX232"，然后单击"确定"按钮新建一个名称为"MAX232"的新元件。

④在工作区单击鼠标右键，在弹出的右键菜单中选择"选项"→"文档选项"命令打开如图 8 – 34 所示的"库编辑器工作台"对话框。

图 8 – 34   "库编辑器工作台"对话框

⑤单击"库编辑器工作台"对话框上部的"单位"选项卡标签打开如图 8 – 35 所示的"单位"选项卡。

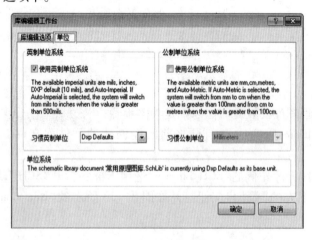

图 8 – 35   "单位"选项卡

⑥在"单位"选项卡内的"英制单位系统"选项区域内勾选"使用英制单位系统"选项框将绘图单位设置为英制。

⑦单击"库编辑器工作台"对话框上部的"库编辑选项"选项卡标签打开"库编辑选项"选项卡，如图 8 – 34 所示。

⑧在"库编辑器工作台"对话框中的"栅格"选项区域内的"Snap"编辑框中输入"1"将对齐网格的边长设置为 1，然后单击"确定"按钮关闭"库编辑器工作台"对话框。

⑨选择"放置"→"矩形"命令，或者单击工具栏中的绘图工具按钮 ，在弹出的工具栏中选择绘制多边形工具 ，单击键盘上的 Tab 键打开如图 8 – 36 所示的"长方形"对话框。

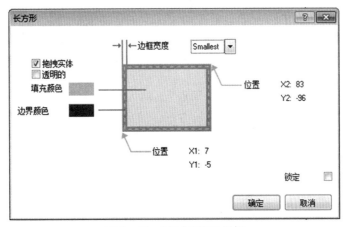

图 8 – 36 　"长方形"对话框

⑩单击"长方形"对话框中的"填充颜色"色彩块打开如图 8 – 37 所示的"选择颜色"对话框。

⑪在"选择颜色"对话框中单击第"218"号色彩，然后单击"确定"按钮将填充颜色设置为淡黄色。

⑫采用同样方法将"边界颜色"设置为第"235"号棕色，单击"边界宽度"右侧的选项，在弹出的下拉列表中选择"Small"，然后单击"确定"按钮结束长方形的设置。

⑬首先随便在工作区内任意两个点上单击鼠标绘制一个长方形，然后单击鼠标右键选择"特性"，再单击鼠标左键进入

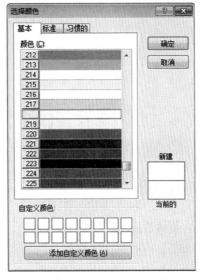

图 8 – 37 　"选择颜色"对话框

"长方形"对话框，如图 8 – 38 所示。

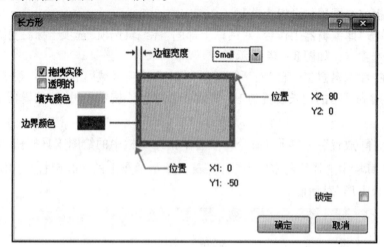

图 8 – 38　输入长方形两个顶点的坐标

⑭在"长方形"对话框内选择"顶点"，输入两个顶点坐标为（0，－150）和（120，0），绘制如图 8 – 39 所示的长方形，然后单击"确定"按钮退出"长方形"对话框。

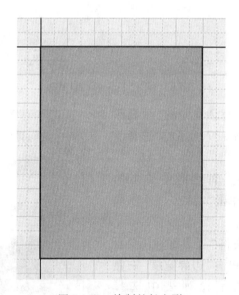

图 8 – 39　绘制的长方形

⑮选择主菜单中的"放置"→"引脚"命令，或者单击工具栏中的绘图工具按钮 ![btn]，在弹出的工具栏中选择添加引脚工具按钮 ![pin]，然后单击键盘上的 Tab 键打开如图 8 – 40 所示的"Pin 特性"对话框。

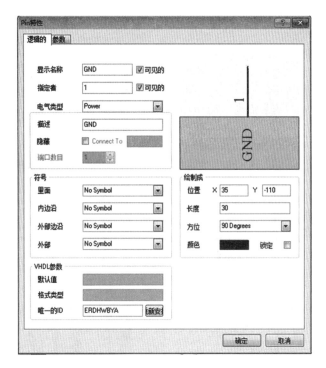

图 8 – 40　"Pin 特性"对话框

⑯在"Pin 特性"对话框中的"显示名称"编辑框中输入"C1 +"设置引脚的名称为 C1 +，在"指定者"编辑框中输入"1"设置引脚编号为 1，单击"确定"按钮关闭"Pin 特性"对话框。

⑰在工作区中坐标为(0，– 20)的位置单击鼠标左键，或者在"Pin 特性"对话框中"绘制成"区域输入位置 X(0)，Y(– 20)，"方位"选择为"180 Degrees"，按"确定"后单击鼠标左键。布置的 1 号引脚如图 8 – 41 所示。

由于 MAX232 共有 16 个功能不同的引脚，可以按照步骤⑬～⑭介绍的方法一一进行设置。用户也可以先布置完所有的引脚，然后使用引脚编辑功能对引脚进行集中编辑。

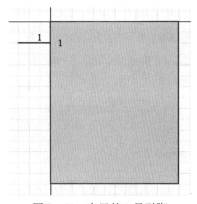

图 8 – 41　布置的 1 号引脚

⑱按照图 8 – 42 所示位置布置其他引脚。布置过程中可使用键盘的空格键旋转引脚。布置时只需注意引脚的编号正确，引脚名称和类型可在下一步编辑更正。

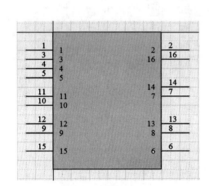

图 8 - 42　布置引脚位置

图 8 - 43　"SCH Library"选项卡

⑲单击工作区域右侧的"SCH Library"选项卡标签打开如图 8 - 43 所示的"SCH Library"选项卡。

⑳在"SCH Library"选项卡上部的元件列表中选择当前元件"MAX232"，单击"编辑"按钮打开如图 8 - 44 所示的"Library Component Properties"对话框。

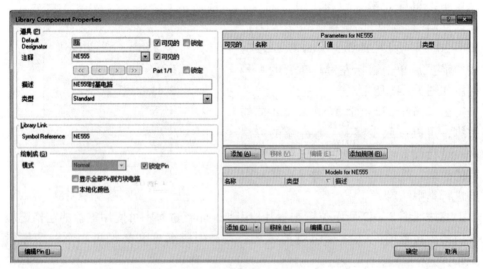

图 8 - 44　"Library Component Properties"对话框

㉑单击"Library Component Properties"对话框左下方的"编辑"按钮打开如图 8 - 45 所示的"元件 Pin 编辑器"对话框。

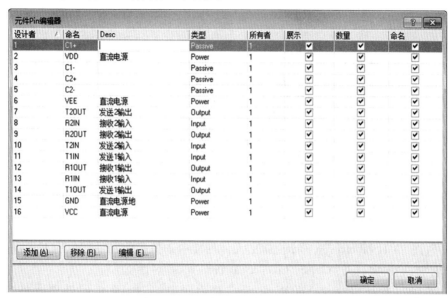

图 8 - 45　"元件 Pin 编辑器"对话框

㉒在"元件 Pin 编辑器"对话框中有一个当前引脚的列表，用户可以直接修改引脚的各种属性。本例中，元件 MAX232 的各引脚属性如表 8 - 3 所示。

表 8 - 3　MAX232 的各引脚属性

引脚编号	引脚名称	引脚类型	引脚功能描述
1	C1 +	Passive	
2	V_{DD}	Power	直流电源
3	C1 -	Passive	
4	C2 +	Passive	
5	C2 -	Passive	
6	VEE	Power	直流电源
7	T2OUT	Output	发送 2 输出
8	R2IN	Input	接收 2 输入
9	R2OUT	Output	接收 2 输出
10	T2IN	Input	发送 2 输入
11	T1IN	Input	发送 1 输入
12	R1OUT	Output	接收 1 输出
13	R1IN	Input	接收 1 输入
14	T1OUT	Output	发送 1 输出
15	GND	Power	直流电源地
16	V_{CC}	Power	直流电源

㉓各引脚属性编辑完成后单击"确定"按钮关闭"元件 Pin 编辑器"对话框。此时 MAX232 的原理图如图 8-46 所示。

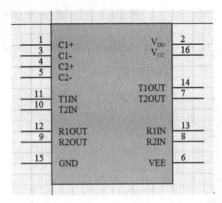

图 8-46　编辑完成的引脚

㉔在"SCH Library"选项卡上部的元件列表中选择当前元件"MAX232"，单击"编辑"按钮再次打开"Library Component Properties"对话框。

㉕在"Library Component Properties"对话框中的"Properties"选项区域内的"Default Designator"编辑框内输入"U?"，在"注释"编辑框内输入"MAX232"，然后在"Library Link"选项区域内的"Symbol"编辑框内输入"MAX232"，然后单击"确定"按钮关闭"Library Component Properties"对话框。

㉖单击工作栏中的保存按钮 ![icon] 保存原理图元件库文件。至此，一个名为"MAX232"的器件的元件就完成了。

8.2　提取原理图元件

Altium Designer 为用户提供了大量的原理图库管理功能，用户除了能向原理图元件库添加自定义的元件原理图外，还能通过复制的方法将其他原理图或原理图元件库中的元件添加到自定义的原理图元件库中，这样就能充分利用已有的原理图或原理图库，使元件的管理更为规范。本小节将通过一个实例介绍如何从原理图或其他原理图元件库中提取原理图元件。

本实例的操作目的是从"原理图实例 3：时钟电路"的原理图文件"时钟电源原理图. SchDoc"中提取元件的原理图库，复制到"常用原理图库"中。

8.2.1　从原理图提取原理图元件

①启动 Altium Designer，选择主菜单的"文件"→"打开"命令，或单击工具栏

中的打开文件按钮 ![按钮] 打开"Choose Document to Open"对话框。

②在"Choose Document to Open"对话框中打开"D：\ 教材 \ 时钟电路"目录，选择"时钟电路原理图.SchDoc"文件，单击"打开"按钮将其打开，打开的文件如图8-47所示。

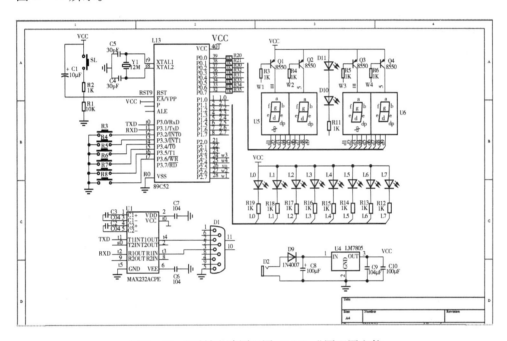

图8-47 "时钟电路原理图.SchDoc"原理图文件

③单击原理图中的编号为"U1"的"89C51"元件将其选中，然后选择主菜单中的"编辑"→"拷贝"命令，或者按键盘快捷键 Ctrl + C，将选中的元件复制到剪贴板中。

此时单击工作区右侧的"剪贴板"页面标签，打开的"剪贴板"页面如图8-48所示，其中包含了复制的元件的原理图，表示该元件已被复制到剪贴板中了。

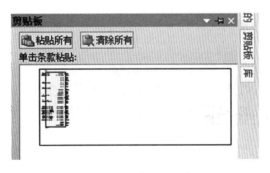

图8-48 "剪贴板"页面

④打开 5.1.1 小节创建的元件库项目文件"常用库集成包 . LibPkg",然后双击"Projects"选项卡中的"常用原理图库 . SchLib"文件名打开"常用原理图库 . SchLib"文件。

⑤单击工作区左侧的"SCH Libary"选项卡标签打开"SCH Libary"选项卡。

⑥在"SCH Libary"选项卡中的元件列表中单击鼠标右键,在弹出的如图 8 - 49 所示的右键菜单中选择"粘贴"命令将剪贴板中的元件原理图粘贴到原理图库中。

图 8 - 49　右键菜单　　　　图 8 - 50　添加的原理图元件

此时原理图元件库的元件列表中就会增添一个名为"89C51"的元件,如图 8 - 50 所示。

除了可以提取单个元件外,Altium Designer 还支持同时提取多个原理图元件,用户只需在复制前同时选中多个元件,粘贴到元件库中时,Altium Designer 会自动从剪贴板中将元件的原理图提取出来,其他非元件原理图的图元部分则不会粘贴到元件库中。

⑦在"SCH Libary"选项卡元件列表中选择新添加的元件"89C51",单击"编辑"按钮打开"Library Component Properties"对话框。

⑧将"Library Component Properties"对话框中的"道具"选项区域内的"Default

Designator"编辑框中的"U1"更改为"U?"，这样当调用该元件时元件编号能自动递增。

⑨单击"确定"按钮关闭"Library Component Properties"对话框。

⑩选择主菜单中的"文件"→"保存"命令，或者单击工具栏中的保存按钮 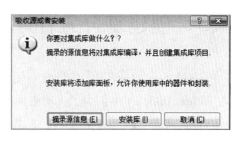，将保存元件原理图库文件。

8.2.2　从原理图库提取原理图元件

以上操作实现了从原理图中提取原理图元件。接下来的操作将实现从已有的原理图库"Miscellaneous Devices. IntLib"中提取原理图元件。

①启动 Altium Designer，选择主菜单的"文件"→"打开"命令，或单击工具栏中的打开文件按钮 📂 打开"Choose Document to Open"对话框。

②在"Choose Document to Open"对话框中打开 Altium Designer 安装目录"D: \ Program Files (x86) \ Altium Designer 6 \ Library"下的"Library"子目录，选择"Miscellaneous Devices. IntLib"文件，单击"打开"按钮将其打开。

因为"Miscellaneous Devices. IntLib"文件是个复合元件库文件，在该库文件中，元件的原理图和 PCB 封装被复合链接起来，所以在打开"Miscellaneous Devices. IntLib"文件之前，系统会显示如图 8 – 51 所示的"吸收源或者安装"消息框，询问用户是将该复合元件库文件分解成对应的原理图元件库还是仅仅调

图 8 – 51　"吸收源或者安装"消息框

用该复合元件库。本例需要使用该复合元件库中的原理图元件库部分，所以选择"摘录源信息"。

③单击"吸收源或者安装"消息框中的"摘录源信息"按钮将该复合元件库分解。

④在弹出的"Project"选项卡中双击"Miscellaneous Devices. SchLib"文件名在工作区打开该库文件。

⑤单击工作区左侧的"SCH Library"选项卡标签打开"SCH Library"选项卡。

⑥在"SCH Library"选项卡中的元件列表中选择需要提取的元件名称，利用键盘上的 Ctrl 键或 Shift 键能一次选择多个元件。本例选择的元件是"2N3904"和"2N3906"。

⑦在元件列表中单击鼠标右键，在弹出的右键菜单中选择"复制"命令将所选的元件复制到剪贴板中。

⑧打开 5.2.1 小节创建的元件库文件"常用原理图库 . SchLib"。

⑨单击工作区左侧的"SCH Libary"选项卡标签打开"SCH Libary"选项卡。

⑩在"SCH Libary"选项卡的元件列表中单击鼠标右键，在弹出右键菜单中选择"粘贴"命令将剪贴板中的元件原理图粘贴到原理图库中。复制后的元件列表如图 8 - 52 所示。

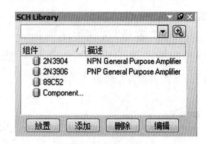

⑪分别点击组件右下角的编辑按钮，将"2N3904"更名为"9013"，"2N3906"更名为"9012"。

图 8 - 52 粘贴元件后的元件列表

⑫选择主菜单中的"文件"→"保存"命令，或者单击工具栏中的保存按钮，将保存元件原理图库文件。

采用上述实例中的方法，可以将平时使用频率较高的元件集中到一个自定义的元件库中，方便绘制原理图时调用。

8.3 创建复合元件库

通过上一节的学习，应该会利用各种现有的资源创建自己的原理图元件库。在 Altium Designer 中，为了实现由原理图设计到 PCB 图设计的无缝连接，通常使用的元件库是复合元件库文件，即将元件的原理图符号、元件的 PCB 引脚封装图形连接到一起，成为一个复合的元件库。使用这种复合元件库就可以在原理图的基础上自动更新产品的 PCB 图。本节将介绍创建复合元件库的方法。

8.3.1 原理图元件库转换集成元件库

本小节将通过把 5.1 节中自定义的原理图元件库转换成集成元件库的实例，介绍在 Altium Designer 环境中生成集成元件库的方法。

①启动 Altium Designer，在主菜单选择"文件"→"打开设计工作区"，打开"常用库设计工作区"

②打开原理图元件库文件"常用原理图库 . SchLib"。

③在主菜单中选择"工程"→"工程参数"命令打开如图 8 - 53 所示的"Options for Script Project 常用原理图库 . SchLib"对话框。

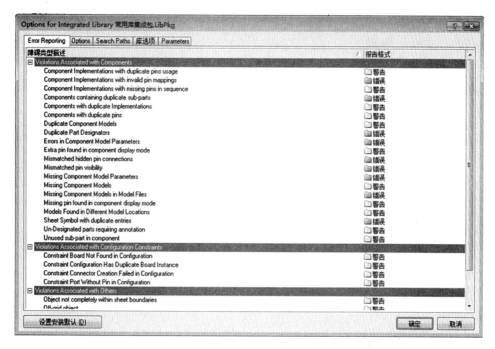

图 8 – 53　"Options for Script Project 常用原理图库.SchLib"对话框

　　④单击如图 8 – 53 所示的"Options for Script Project 常用原理图库.SchLib"对话框中的"Search Path"标签，打开如图 8 – 54 所示的"Search Path"选项卡。

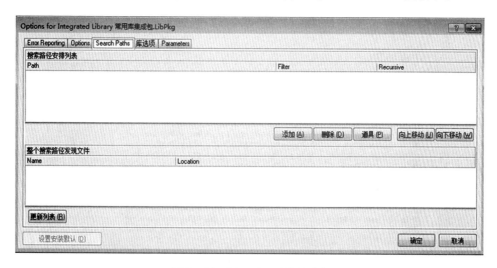

图 8 – 54　"Search Path"选项卡

　　⑤单击"Search Path"选项卡中的"添加"按钮打开如图 8 – 55 所示的"编辑搜索路径"对话框。

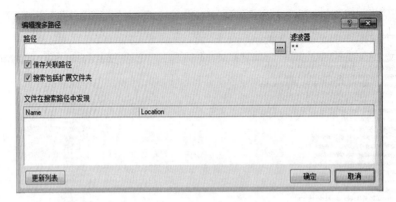

图 8-55 "编辑搜多路径"对话框

⑥单击"编辑搜多路径"对话框"路径"右边的" □ "按钮打开"浏览文件夹"对话框。

⑦在"浏览文件夹"对话框中选择"Altium Designer \ Library \ PCB",单击"确定"按钮。

⑧单击"编辑搜多路径"对话框中的"更新列表"按钮刷新文件列表,如图 8-56 所示。

图 8-56 刷新后的列表

⑨单击"编辑搜多路径"对话框的"确定"按钮关闭该对话框,然后单击

"Options for Script Project 常用原理图库 . SchLib"对话框中的"确定"按钮。

⑩在主菜单中选择"工程"→"Compile Integrated Library 常用库集成包 . LibPkj"命令开始对项目进行编译。

编译完成后,系统将生成一个名为"常用库集成包 . IntLib"的集成元件库文件,并自动加载该集成元件库。

⑪在"库"工作面板的元件库选择下拉列表中选择生成的"常用库集成包 . IntLib"元件库,打开该元件库,如图 8 – 57 所示。

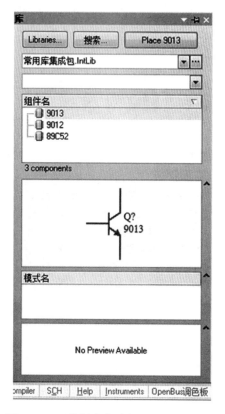

图 8 – 57　"常用库集成包 . IntLib"元件库

至此,自定义的集成元件库就创建完毕了。

313

第9章 PCB元件封装库
的编辑

为方便用户处理设计中的 PCB 元件封装，Altium Designer 提供了 PCB 元件封装编辑器。用户可以在该编辑器中对 PCB 元件封装库进行编辑操作，包括复制PCB 元件封装、删除 PCB 元件封装、新建自定义的 PCB 元件封装以及修改 PCB元件封装等操作。

9.1 PCB 元件封装编辑器

PCB 元件封装编辑器在用户新建或打开一个 PCB 元件封装库文件后将自动启动，其工作界面如图 9-1 所示。

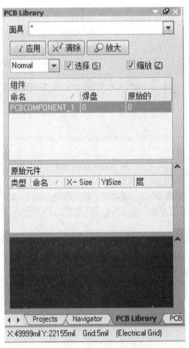

图 9-1 PCB 元件封装编辑器界面

与 PCB 图编辑器界面相比，PCB 元件封装编辑器界面少了一些布线的工具栏，多了一个名为"PCB Library"的工作面板。该工作面板用于管理 PCB 元件封装库中的元件封装。

9.2　PCB 元件封装管理

在 PCB 元件封装编辑器的"PCB Library"工作面板中，用户可对 PCB 元件封装库中的 PCB 元件封装进行管理，进行复制、粘贴、导入、删除 PCB 元件封装操作。本节将通过实例介绍 PCB 元件封装复制操作的具体步骤，其他常用的元件封装操作比较简单，可类推。

复制 PCB 元件封装的过程比较简单。下面通过复制名为"40P6"的 PCB 元件封装到用户自定义的 PCB 元件封装库中的实例，介绍复制 PCB 元件封装的方法。

①打开包含有需要复制的 PCB 元件封装"40P6"的 PCB 文件"时钟电路 PCB 文件.PcbDoc"。

②选择"文件"→"新建"→"库"→"PCB 元件库"命令新建一个名为"PcbLib1.PcbLib"的文件。

③在"时钟电路 PCB 文件.PcbDoc"中选择元件 PCB 封装为"40P6"的元件"U3"，按 Ctrl + C 键，或者单击鼠标右键，选择"拷贝"命令复制封装"40P6"，如图 9 - 2 所示。

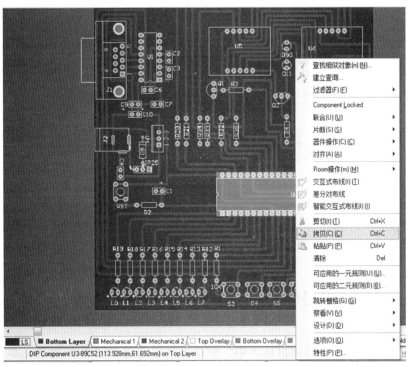

图 9 - 2　从"时钟电路 PCB 文件.PcbDoc"中复制封装"40P6"

④在新 PCB 元件封装库"PcbLib1. PcbLib"的"PCB Library"工作面板中的"Components"列表中单击鼠标右键，在弹出的菜单中选择"Paste 1 component"命令，将名为"40P6"的 PCB 元件封装复制到新的 PCB 元件封装库中，如图 9 - 3 所示。

图 9 - 3　粘贴"40P6"到新的元件封装库

⑤单击工具栏中的保存按钮 ，在弹出的"Save[PcbLib1. PcbLib] As... "对话框中设置文件名称为"PCB 封装库. PcbLib"，单击"保存"按钮保存该 PCB 元件封装库文件。

9.3　自定义 PCB 元件封装

在 PCB 元件封装编辑器环境中，用户可手工定义 PCB 元件封装。本节将通过一个手工定义 PCB 元件封装的实例，介绍手工定义 PCB 元件封装的方法。该实例定义了一个"89C51 单片机"的 PCB 封装"40P6"，完成后的 PCB 元件封装图如图 9 - 4 所示。

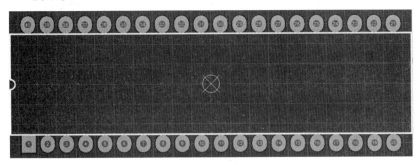

图 9 - 4　完成后的 PCB 元件封装图

①启动 Altium Designer，在主菜单中选择"文件"→"打开"命令打开"Choose Document to Open"对话框。在该对话框中选择之前新建的"PCB 封装库 . PcbLib"库文件，启动 PCB 元件封装编辑器。

②单击工作区左侧的"PCB Library"工作面板标签打开"PCB Library"工作面板。

③在"PCB Library"工作面板的"组件"列表中选中的"PCBCOMPONENT_1"栏，双击 PCBCOMPONENT_1 打开如图 9 - 5 所示的"PCB 库元件"对话框。

图 9 - 5　"PCB 库元件"对话框

④在"PCB 库元件"对话框的"名称"编辑框内输入"40P6"将新建的文件名称改为"40P6"，单击"确定"按钮关闭"PCB 库元件"对话框。

⑤在工作区单击鼠标右键，在弹出的如图 9 - 6 所示的菜单中选择"器件库选项"命令打开如图 9 - 7 所示的"板选项"对话框。

⑥将"板选项"对话框的"单位"设置为"Imperial"，设置"跳转栅格"选项区域的 X、Y 值都为 5mil，设置"可视化栅格"选项区域的"栅格 1"的值为"5mil"，"栅格 2"的值为"100mil"，然后单击"确定"按钮完成设置，如图 9 - 7 所示。

图 9 - 6　右键菜单

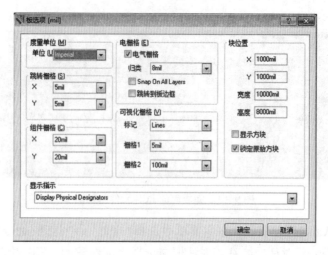

图 9-7　"板选项"对话框

⑦单击工作区下部的"Top Layer"层标签，选择顶层"Top Layer"为当前编辑层。

⑧单击工具栏中的布置焊盘工具按钮 ，单击键盘的 Tab 键打开如图 9-8 所示的"焊盘"对话框。

图 9-8　"焊盘"对话框

⑨在"焊盘"对话框中单击"通孔尺寸"项，输入新的数据"35mil"，在"道具"选项区域中设置"设计者"项为"1"，设置"层"项为"Multi - Layer"，在"尺寸和外形"选项区域设置焊盘的形式为"简单的"，设置"X - size"为"85mil"，"Y - size"为"75mil"，"外形"项为"Rectangle"，然后单击"确定"按钮结束设置。

⑩在工作区坐标为(-950， -300)的位置单击鼠标，布置如图 9 - 9 所示的编号为 1 的焊盘。

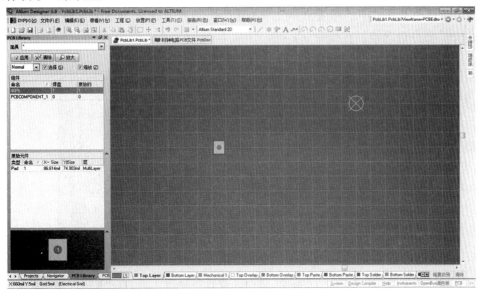

图 9 - 9　布置编号为 1 的焊盘

⑪再次单击键盘的 Tab 键，打开"焊盘"对话框。

⑫在"焊盘"对话框中的"尺寸和外形"选项区域中选择"尺寸"为"Round"，保持其他选项不变，单击"确定"按钮关闭"焊盘"对话框。

⑬依次在工作区坐标为(-950， -300)、(-850， -300)、(-750， -300)、(-650， -300)、…、(950， -300)共 20 个点上单击鼠标左键，布置如图 9 - 10 所示编号为 1～20 的 20 个焊盘。布置完成后单击鼠标右键结束焊盘布置操作。

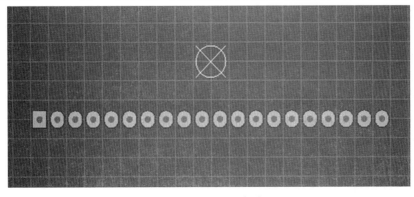

图 9 - 10　布置的焊盘

⑭单击工具栏中的布置焊盘工具按钮 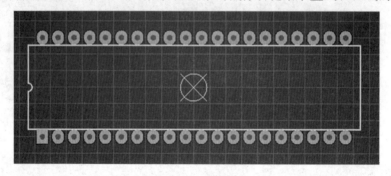（此处为小图标），依次在工作区坐标为（950，300）、（850，300）、（750，300）、…、（-950，300）共 20 个点上单击鼠标左键，布置编号为 21～40 的 20 个焊盘。布置完成后，单击鼠标右键结束焊盘布置操作。

⑮单击工作区下方的"Top Overlay"层标签，选择顶层丝印层"Top Overlay"为当前编辑层。

⑯单击工具栏中的布置直线工具按钮 ，或者在主菜单中选择"放置"→"走线"命令启动绘制直线命令。

⑰绘制如图 9-11 所示的线框，然后单击鼠标右键结束直线和弧线的绘制。

图 9-11　绘制的线框

⑱选择主菜单"文件"→"保存"命令，或直接单击工具栏的保存按钮 保存新建的元件。

9.4　利用向导生成 PCB 元件封装

对于符合标准的 PCB 元件封装，如果采用手工方式定义，定义的过程比较烦琐，容易出现错误。针对这种情况，Altium Designer 为用户提供了 PCB 元件封装向导，帮助用户完成焊盘较多的 PCB 元件封装的制作。本节将通过一个实例介绍使用 PCB 元件封装向导生成 PCB 元件封装的步骤。

①启动 Altium Designer，在主菜单中选择"文件"→"打开"命令，打开"Choose Document to Open"对话框，新建"PCB 元件库.PcbLib"库文件，启动 PCB 元件封装编辑器。

②在主菜单中选择"工具"→"元器件向导"命令，或者直接在"PCB Library"工作面板的"组件"列表中单击右键，在弹出的菜单中选择"组件向导"命令打开如图 9-12 所示的"Component Wizard"对话框。

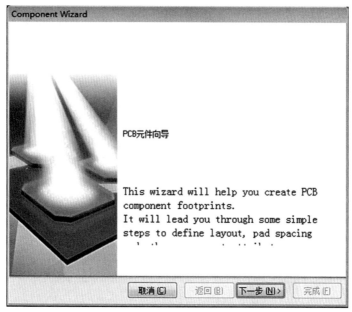

图 9 – 12　"Component Wizard"对话框

　　③单击"Component Wizard"对话框中的"下一步"按钮进入如图 9 – 13 所示的
"元件模式"页面。

图 9 – 13　"元件模式"页面

　　④在"元件模式"页面中选择"Dual In – Line Package(DIP)"项，在"选择一个
单位"下拉列表中选择"Imperial(mil)"，单击"下一步"按钮打开如图 9 – 14 所示
的"双线包"页面，显示"定义焊盘尺寸"视图。

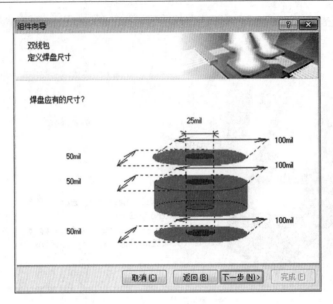

图 9 - 14   "定义焊盘尺寸"视图

"定义焊盘尺寸"视图用于设置焊盘的尺寸。

⑤在"定义焊盘尺寸"视图中的示意图左侧的焊盘尺寸编辑框中设置焊盘尺寸，左侧"50mil"全部改为"75mil"，右侧"100mil"全部改为"85mil"，设置焊盘中孔的直径为"35mil"，然后单击"确定"按钮，显示如图 9 - 15 所示的显示"定义焊盘规格"视图。

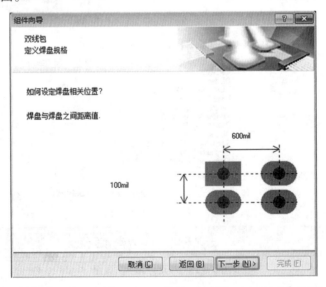

图 9 - 15   "定义焊盘规格"视图

"定义焊盘规格"视图用于设置焊盘之间的间距。

⑥接受默认间距，单击"下一步"按钮，显示如图 9 – 16 所示的"定义轮廓宽度"视图。

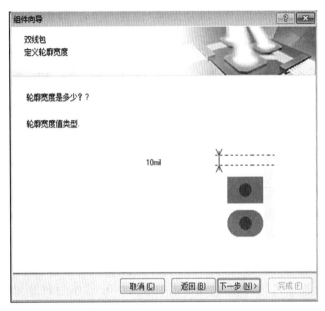

图 9 – 16　"定义轮廓宽度"视图

"定义轮廓宽度"视图用于设置丝印线框中线的宽度。

⑦单击"定义外径宽度"视图中的线框的导线宽度尺寸标注，接收默认值，然后单击"下一步"按钮，显示如图 9 – 17 所示的"定义外径宽度"（应该是定义引脚数量）视图。

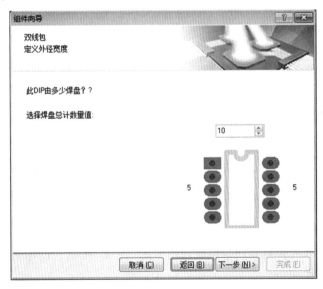

图 9 – 17　"定义外径宽度"视图

"定义外径宽度"视图用于设置元件封装中引脚焊盘的数量。

⑧"设置引脚数量"视图中的编辑框中输入"40"，设置焊盘总数为"40"，单击"下一步"按钮，显示如图 9 - 18 所示的"设置组建名"页面。

图 9 - 18　"设置组建名"页面

"设置组建名"页面用于设置元件封装的名称。

⑨在"设置组建名"页面中的编辑框中输入"40P6"作为 PCB 元件封装的名称。单击"下一步"按钮，显示如图 9 - 19 所示的结束视图。

图 9 - 19　PCB 元件封装向导结束视图

⑩单击 PCB 元件封装向导结束视图中的"完成"按钮，创建的 PCB 元件封装如图 9 - 20 所示。

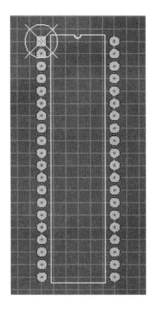

图 9 – 20　生成的 PCB 元件封装

⑪选择主菜单中的"文件"→"保存"命令，或单击标准工具栏中的保存工具按钮 保存该 PCB 元件封装库。